贾东　主编　建筑设计·教学实录　系列丛书

西山空间与文化·设计专题教学实录

卜德清　著

中国建筑工业出版社

图书在版编目（CIP）数据

西山空间与文化·设计专题教学实录 / 卜德清著.
北京：中国建筑工业出版社，2018.12
（建筑设计·教学实录　系列丛书 / 贾东主编）
ISBN 978-7-112-23097-6

Ⅰ.①西…　Ⅱ.①卜…　Ⅲ.①建筑设计 — 教学研
究 — 高等学校　Ⅳ.① TU2

中国版本图书馆CIP数据核字（2018）第288737号

　　本书介绍了北方工业大学建筑设计及其理论方向研究生建筑设计课的教学
理念和教学方法。该课程采用"研究型教学"模式进行授课，教学内容是基于
北京西山文化主题研究的建筑设计。全书内容分为三章，第一章阐述了研究生
设计课程的基本特征；第二章结合大量学生作业详细介绍了研究型设计教学的
思路和具体操作方法，第三章归纳总结了在绘制设计图中最常用的图形分析方
法。希望能为同类型的课程教学提供一些参考和借鉴。本书适于建筑学专业在
校师生及相关专业人员阅读。

责任编辑：唐　旭　吴　绫　张　华
责任校对：张　颖

贾东　主编　建筑设计·教学实录　系列丛书

西山空间与文化·设计专题教学实录

卜德清　著
　　　*
中国建筑工业出版社出版、发行（北京海淀三里河路9号）
各地新华书店、建筑书店经销
北京点击世代文化传媒有限公司制版
北京中科印刷有限公司印刷
　　　*
开本：787×1092毫米　1/16　印张：12　字数：228千字
2019年3月第一版　2019年3月第一次印刷
定价：58.00元
ISBN 978-7-112-23097-6
　　　（33165）

前　言 | PREFACE

在建筑学专业本科教学中，建筑设计课程是贯穿五年的核心系列课程。在建筑设计及其理论方向研究生教学中，建筑设计课程是重要的组成部分。研究生阶段的设计课应该教什么，研究生设计课教学应该遵循什么原则，目前在建筑类高等院校中还没有统一的思路和方法。本书详细介绍了北方工业大学研究生设计课教学理念和教学方法，希望能为同类型的课程教学提供一些参考和借鉴。

在多年教学实践中，我们一直在探索采用"研究型设计"教学方法进行授课。本书中"研究型设计"指的是"基于研究的设计"，"其含义是：强调设计的过程中要有理性研究、有分析过程，不要拍脑袋做决定。"本课程的教学方法最初是由贾东教授提出来的，第一步要求学生先进行一个以"西山文化"为主题的调查研究。第二步在研究基础上进行"西山空间"设计。引导学生在西山文化研究的基础上抓住其中一个交叉点，落实到一个具体的"西山空间"上，生成一个设计概念，并最终完成这个设计。要求设计体现西山文化内涵。用徒手草图形式将这个设计方案的生成过程完整地表达出来。教学目标是学习研究型设计方法。

全书内容分为三章，第一章阐述了研究生设计课程的基本特征；第二章结合大量学生作业详细介绍了研究型设计教学的思路和具体操作方法，第三章归纳总结了在绘制设计图中最常用的图形分析方法。

本书是在多年的教学过程中逐步积累、不断打磨的过程中渐进写成的。最初动笔撰写是从2013年开始的，于2017年完成的。其间，在每一年的教学过程中我们对教学模式进行一些局部调整和优化，逐渐积累了很多有益的教学经验，教学模式日渐成熟。最近几年学生作业中涌现出一些质量更高的优秀作品。恰逢2018年学院组织本课程参加"北京公共空间城市设计大赛2018"，有3组获奖，也纳入书中。

本课程教学由我和王新征老师同心协力共同完成，取得了良好的教学效果。本书中所有学生作业均是由王新征老师与我共同辅导的，作业中所有教师评语均是由王新征老师撰写的。在本书写作过程中得到了王新征老师的大力协助，在此表示衷心感谢！

在前期图片整理和后期排版期间，韩佳君、刘天奕、和莎、梁鑫、何旭给予了大力协助，在此表示感谢！

由于作者水平局限，书中谬误，多请批评指正，多谢！

卜德清

2018 年 11 月于北京西山

目 录 | CONTENTS

第 1 章 | 研究型教学

1.1 教学模式

1. 教学目标

教学的职能之一在于使学生"开窍"，即帮助学生在已知领域和未知领域之间打通一个通道。通过一个研究型设计教学过程帮助学生学习掌握研究型设计的思维方式和工作模式，凭着这套模式可以找到最佳设计方案。

研究生阶段的设计学习是建立在本科学习基础之上的高级阶段，学习重点是学会研究型设计工作模式及其思维方式，即用研究的方法找到设计的主题思想，然后用研究的方法去完成设计。

研究型设计是一个不断挖掘和发现的过程，是一个由表及里、由现象到本质、从杂乱到秩序的探索过程，是通过研究来建立一个目标并实现这个目标的过程。给学生提出一个概念性课题，课程题目是有弹性的、不确定的；研究方向是开放的，不需要具有唯一的答案。引导学生以"调查＋研究＋设计"的方式朝着目标推进，培养学生掌握研究型设计的能力和工作方法。这是我们的教学目标。

2. 教学模式（调查＋研究＋设计）＋图解

研究型设计是按照"调查，研究，设计"三个步骤逐级推进的。教师引导并推动学生在调查研究中自主发现设计主题，并通过分析和研究找到解决方法。这个过程自始至终需要用到一个方法"图解分析"。

（1）调查

调查包括现场踏勘调查和文献资料收集。

现场踏勘调查的目的是对目标空间的认知、理解、思辨，按照分层递进的方式进行。调查与研究交错进行，调查随着研究层次的深入而深入。不同研究阶段相对应的调查关注点也不同。

现场调查，为一手资料收集。第一阶段调查是目标全面认知调查。调查之后进行资料整理、梳理、分析和研究，发现存在的问题并确定研究主题。在此基础上针对研究主题进行第二阶段的明确目的的深入调查，然后对第二阶段成果进行分析研究。实地调查与研究交叉进行。然后进行第三阶段调查研究，在不断循环中加深认知。

文献资料调查，为二手资料收集，文献资料检索和阅读是进行研究型设计所需要做的重要工作。文献资料调查贯穿于整个研究设计过程，在研究全部过程中持续检索和阅读，以帮助寻找正确的研究途径和解决方法。

（2）研究

引导学生关注社会基本问题，对现场调查收集的资料进行梳理和分析，并从中发现问题、分析问题，展开以问题为导向的研究。在研究中逐步把重点聚焦在一个点上面并将其确定为本次设计的主题思想。

对初期调查收集到的杂乱无章的资料进行梳理，同时整理自己的思路，通过反复思辨、分类归纳，梳理出一个脉络，建立一个新的秩序结构。这个结构是系统的、逻辑的、树状的，也是分层级的，同一个层级的问题是并列的。分析探索过程像给洋葱剥皮，一层一层剥开表皮去探究和发现问题的本质。依据这个本质或规律确立设计主题思想。研究阶段应提出一个明确的设计任务书，作为下一个阶段的设计依据。

同时启发学生通过阅读发现更多的研究方法和设计方法，积极鼓励学生进行自主研究。

对于建筑学的学生，在做设计之初需要明确地告诉他们研究型设计和普通设计在思维方式上和设计方法上的区别。不了解这种区别会给学习带来很大的困惑：①思维方式的差异，研究型设计更偏重于研究过程；②看问题的角度不同，更多从社会、文化、新技术等角度去思考；③涉及的知识领域比较宽泛，应该跳出建筑知识的圈子，走进更广阔的知识领域。

（3）设计

根据研究得到的"设计主题思想"进行建筑设计，用建筑设计的方法来完成设计主题中所提出的设计任务，体现主题思想。

设计是用研究的方法解决问题，用创造性思维方式解决问题，需要了解创造性思维模式的特点，同时在设计过程中运用不同领域的知识去实现设计主题：①体现文化价值；②表达主题思想。

研究型设计这三个步骤："调查→研究→设计"是连续的、不间断的，前一步是后一步的基础，后一步在前一步的基础上进行。这三者的关系不是单一线性关系，而是交错滚动向前推进的。研究型设计培养的不仅仅是一种解决问题的能力，同时还培养一种探索能力和研究能力。

（4）图解

图解建筑设计——用图形语言将设计构思和设计内容表达出来。

图解建筑设计像讲述一个故事，从事件的缘起讲起，依据现状条件，通过合理分析得到主题思想。从环境分析开始，按照建筑设计原理讲述一个建筑的生成演变过程，从整体生成过程到重点局部生成过程，最终完整地呈现出一个建筑设计。整体表达过程应该做到主题明确、亮点突出、逻辑性强，所使用的图形语言要清晰易懂，故事的各部分形成相互呼应的关系——关联耦合。这就是一套好的图解建筑设计表达所具备的基本特征。为了做好图解建筑设计，应该有意识地做好以上几项工作，同时应能够熟练驾驭各类图形分析技巧。为此，学生应加强图形组织和分析图绘图技巧的训练。

1.2　教学目的

研究生设计课学习目的：

（1）提升设计观。

（2）学习研究型设计的工作流程和思维方式。

（3）提高设计深化的技能 。

（4）培养图形解析建筑设计推演过程的能力。

本次教学的表面目标是设计出一个有意义的方案，深层目标是学习一种能找到并实现意义的工作方法。研究生设计课教学目标在于建立一个带有特定思维模式的工作方式，并引导学生按照这种思维模式进行思考，推动学生按照这种特定的工作方式去工作。通过调查和研究来发现问题，使学生能够找到一个非凡的意义，建立一个新的设计主题思想，进而用建筑实体与空间的方法给这个意义赋形，最终完成一个具有意义的方案。要求学生学会的不仅仅是这个非凡的意义和新的概念，更重要的是学习并掌握这种获得意义的思维方式和工作方法（图 1-1 ~ 图 1-5）。

研究生毕业后应该做到：

（1）在设计竞赛中获奖。

（2）在设计投标中中标。

（3）在工程项目设计中做出有意义的作品。

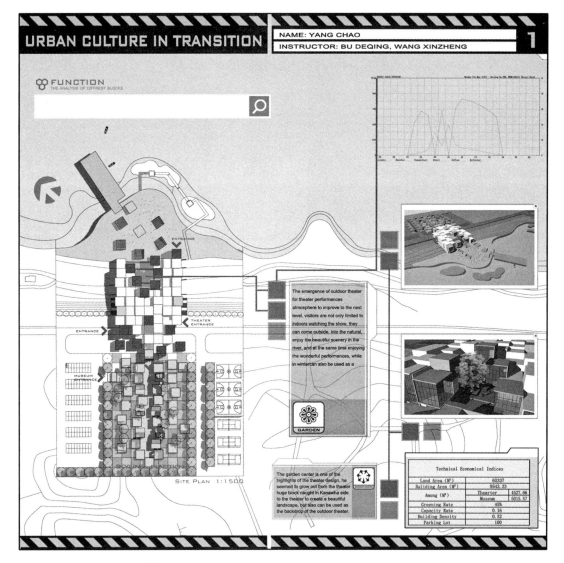

图 1-1　杨超　西山文化中心

教师评语：设计者将整个场地作为一个整体来进行设计，并通过立方体母题的反复运用来强化这种整体性。多功能剧场、博物馆、室外剧场、展场、场地景观均以立方体的形态予以呈现，赋予设计以鲜明的个性。建筑功能分区合理，流线较为清晰。设计者在设计过程中，能够综合运用手工模型、计算机等辅助设计手段来推动设计深化进程。

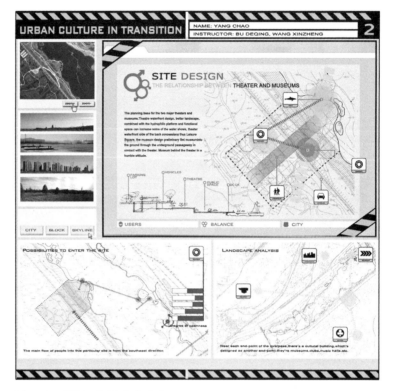

图 1-2 杨超 西山文化中心

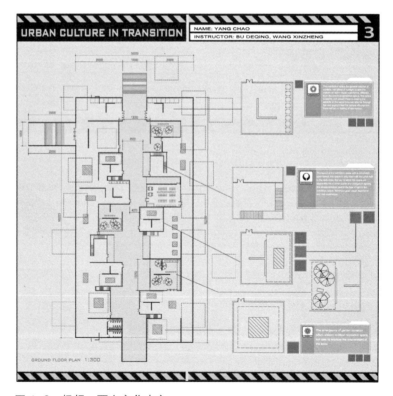

图 1-3 杨超 西山文化中心

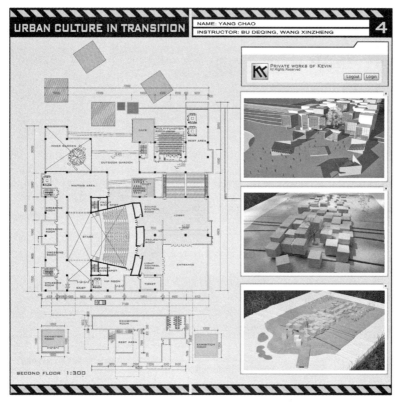

图 1-4 杨超 西山文化中心

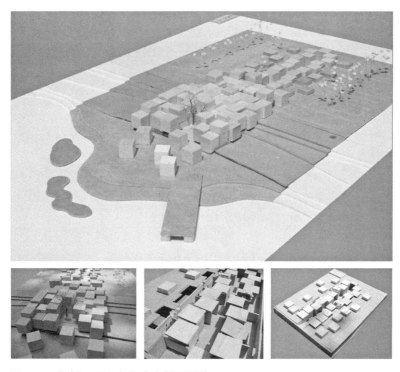

图 1-5 杨超 西山文化中心模型照片

1.3　研究生设计课的特征

1.3.1　研究生设计课与本科设计课的比较

本科阶段设计课是设计学习的初级阶段，研究生阶段设计课是设计学习的高级阶段，前者的学习目标是学习"建筑设计基础"，后者的学习目标是学习怎样做"研究型设计"（图1-6）。

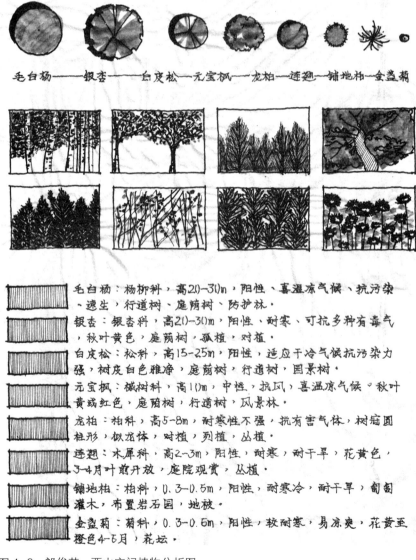

图 1-6　郎俊芳　西山空间植物分析图

　　研究生所做的设计不是一般性地满足环境、功能及美观要求，而是要求方案立意更有思想性，更具有专业研究内容，具有更高的技术水平（图 1-7）。

■　建筑策略

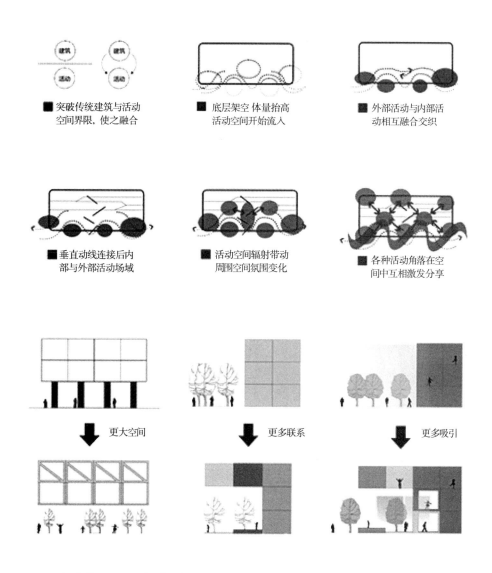

图 1-7　郎俊芳　西山空间建筑策略分析图

1.3.2 研究生设计课的特征

1.知识领域的拓展可极大地开阔设计思路

与本科阶段的学习相比，在研究生阶段基础课知识更加系统、更加全面，极大地拓展了知识面，开阔了学术视野，在设计的深度和广度方面奠定了良好的基础（图1-8、图1-9）。

2.具有"研究"特征

研究型设计的工作方式是以研究为主，以设计为辅。最主要的工作方式是研究，包括立意研究和方案设计研究。通过一定的工作模式研究得到设计主题思想，确定设计立意，进而再进行具体的建筑方案设计。

专业研究特性体现在两个方面：

（1）立意研究——对设计主题思想的研究

本科设计课老师通常会给出很具体、很详细的设计题目要求，学习目标是提高解决问题的能力。研究生设计课老师不会给出具体题目，而是仅仅给出一个模糊的方向，学生通过研究来确定设计主题，训练目标是提高发现问题的能力或培养建立新的设计概念的能力（图1-10、图1-11）。

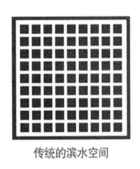

传统的滨水空间

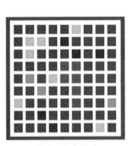

植入活动元素
丰富空间行为

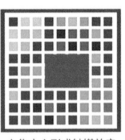

文化中心形成触媒效应
带动周围区域的发展

文化中心

创意产业

公共绿地：湿地公园

指引性的路线

多样化多层次的行为空间

塑造适合各类人群的空间

首钢

商业、居住

图1-8 宋宁宁 西山文化中心行为空间分析

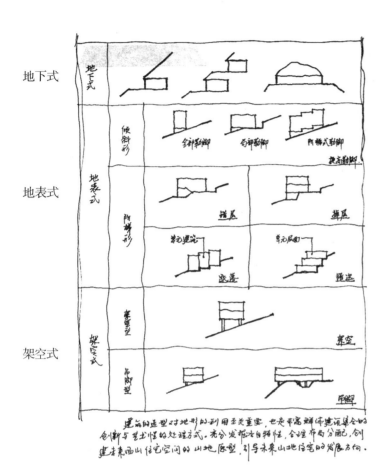

图 1-9　袁小伟　西山空间——山地建筑营造方式之手绘分析图

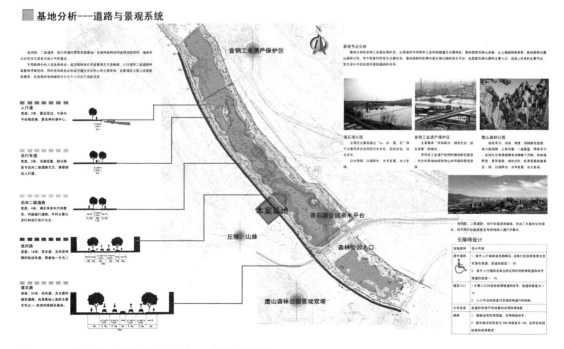

图 1-10　孙青峰　西山文化中心——基地分析图

"立意"研究——对主题思想的研究

梳理素材 ——————→ 发现目标 ——————→ 确立设计主题思想

物理环境资料
人文文化资料 ——————→ 问题型分析
创新型分析 ——————→ 确立设计任务书

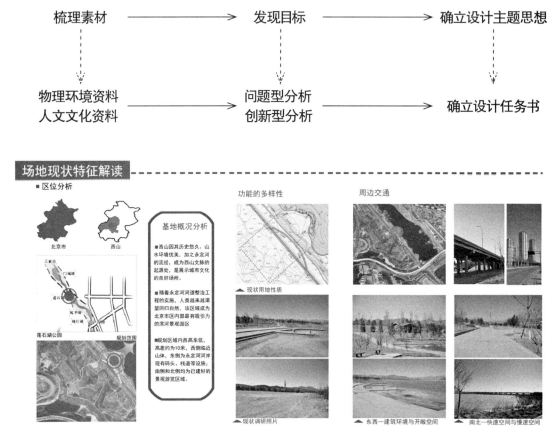

图 1-11 李孟琪 西山文化中——基地现状分析图

（2）方案设计研究——用特定领域的专业知识去解决问题。

大学本科阶段仅仅是学习如何用基本的空间组织、环境营造来满足各种基本功能需求。

研究生阶段是尝试用特定领域的专业知识去研究问题，用特定专业的思维方式去寻求解决之道，这样的设计才是有专业深度的（图 1-12）。

对于同一个题目，可以尝试用不同领域的知识去研究解决，如城市设计、绿色生态、建筑技术、力学与结构等。解决问题的途径、方法不同，其结果也各不相同（图 1-13）。

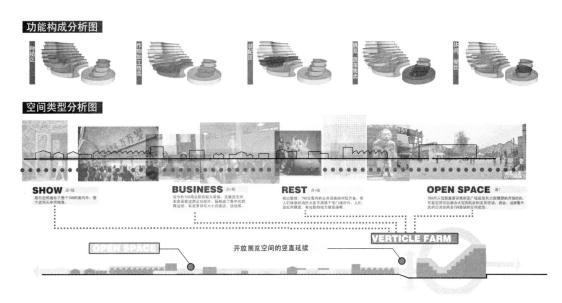

图 1-12　贾钰涵等　立体农场空间分析图

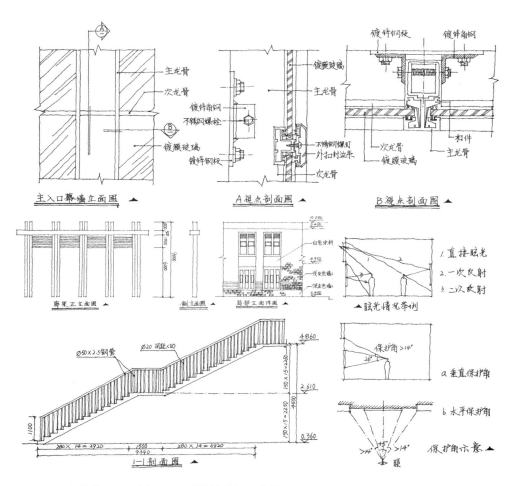

图 1-13　李志成　西山空间——建筑构造细部分析图

3. 多学科交叉解决

多学科交叉之处往往是知识的增长点。在设计过程中，打开思路，尝试将其他多个专业领域的知识介入建筑设计过程，综合解决问题。例如运用立体种植技术与建筑结构相结合，可以设计出高层、带空中花园的"第四代住宅"；再如运用新型空中悬挂式轨道交通技术 PRT "飞车"能够解决市中心繁华地区的交通拥堵问题和山区交通难题，有助于改善城市环境（图 1-14 ~ 图 1-20）。

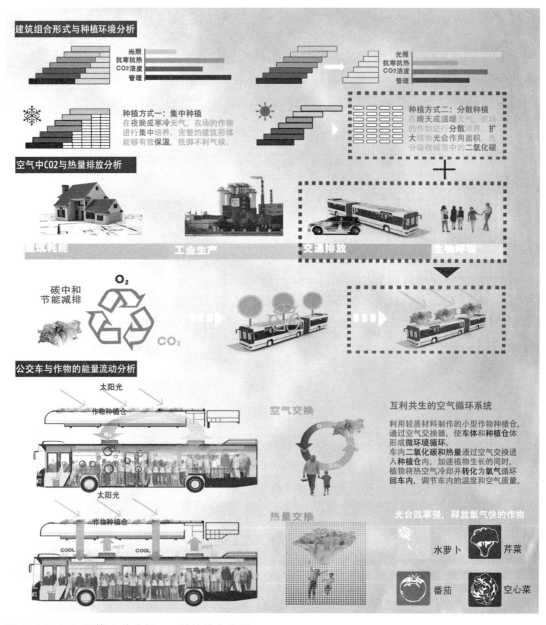

图 1-14 贾钰涵等 立体农场——种植技术分析

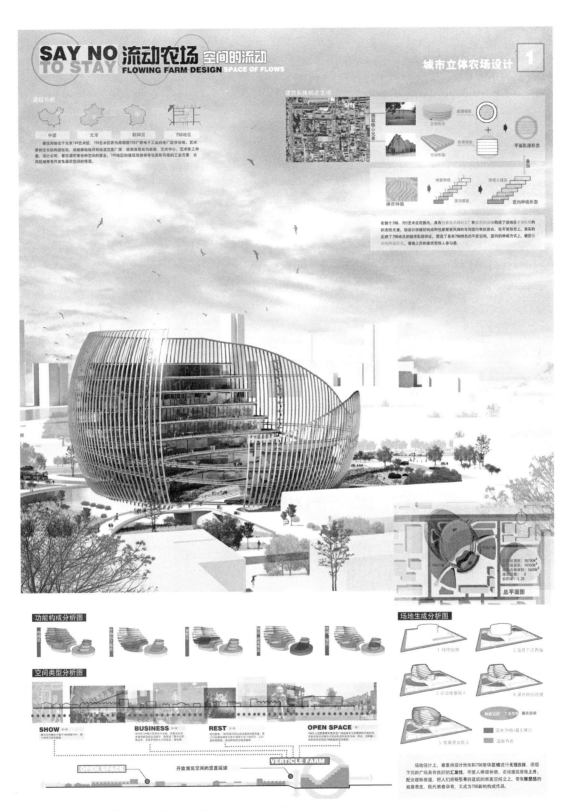

图 1-15 贾钰涵等 立体农场竞赛图

图 1-16　邓清　太阳能板技术示意图

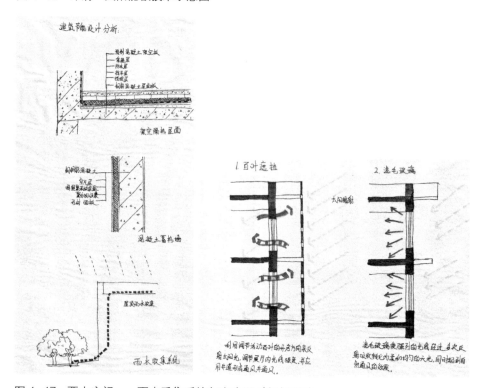

图 1-17　西山空间——雨水采集系统与室内通过组织系统

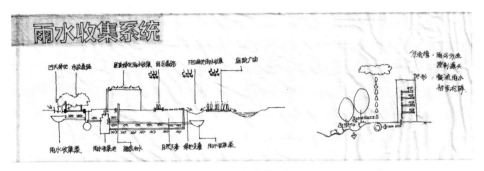

图 1-18　胡桐　水·湿地生命的传承——雨水收集系统

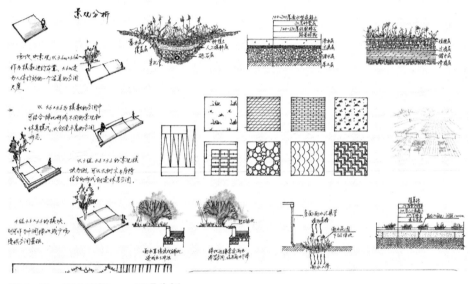

图 1-19　西山空间——景观分析

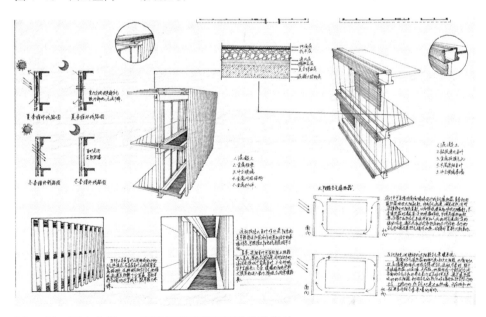

图 1-20　西山空间——建筑细部采光与通风构造做法

4. 发现意义，创造概念

本科设计教师会给出设计概念，要求学生在这个概念的规定下学习设计方法。研究生设计老师不给出概念，要求学生通过一个研究过程来发现一个意义作为设计主题思想或建立一个新的概念，通过这个过程来学习发现意义、创造新概念的方法（图 1-21 ~ 图 1-24）。

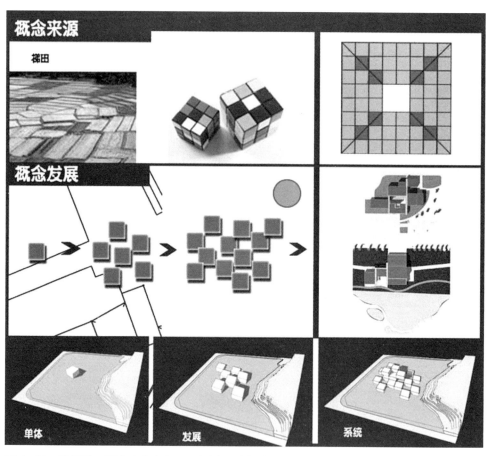

图 1-21　董妍博　西山文化中心——设计原始概念分析图

空间构思
CONCEPTION FOR SCAPE

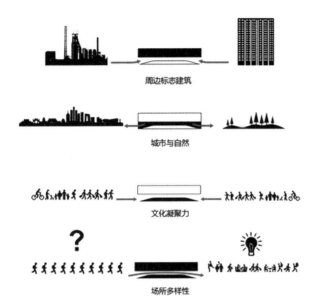

作为城市文化综合体，应该具备较强的凝聚力，而凝聚力可以通过整个建筑的不同空间来体现，首先是与周边环境的融合及通透性，其次是建筑内部的空间变化多。

图 1-22　邓清　西山空间——空间构思分析图

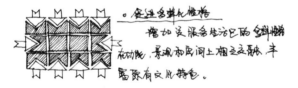

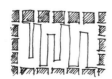

图 1-23　白旭　西山空间——设计理念分析图

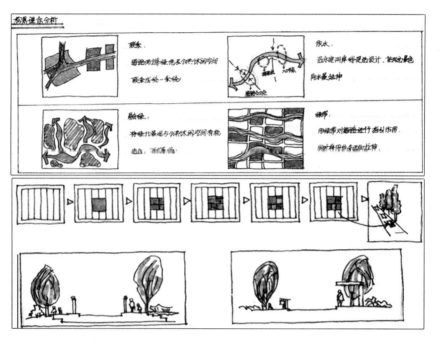

图1-24 李孟琪 西山空间——构思理念分析图

1.4 设计的本质

设计师需要经常回顾一下这个问题：什么是设计？这是一个涉及设计方法论的问题。

虽然这个问题没有统一答案，但是作为设计师应经常思考这个问题，这样有助于学生自觉地矫正设计方法论和设计观。用不同的设计方法能够得出不同的设计结果，沿着不同的设计途径走会得到完全不同的设计结果。采用正确的设计方法能够得到更加优化的设计结果（图1-25 ~ 图1-29）。

设计观之一：设计是解决矛盾

（1）发现问题

（2）解决矛盾

我的设计观：设计是一个探索和研究的过程。

（1）我们所设计的建筑就像一个链接装置，它把现状环境和未来发生的使用行为连接起来。这个行为包括外显行和内隐行为两个方面的内容。

（2）设计像是寻找具备最佳连接方式的链接装置的一个求解过程。

（3）挖掘建筑与未来发生的行为之间的本质联系——建筑的意义是设计的关键。

（4）设计像一个发现意义和探索实现意义的最佳方式的旅程，是一个探索和研究的过程（图1-30 ~ 图1-34）。

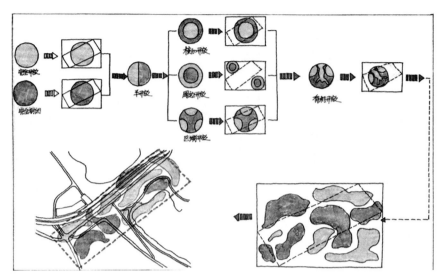

图 1-25　李孟琪　西山空间——空间模式分析

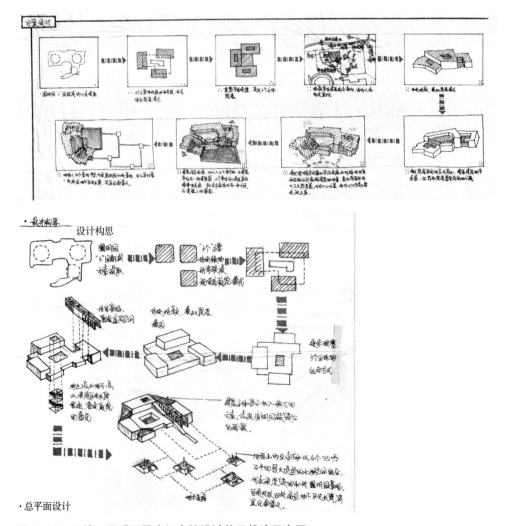

图 1-26　王婧　圆明园国殇纪念馆设计构思推演示意图

场地设计与行为心理

场地设计构思

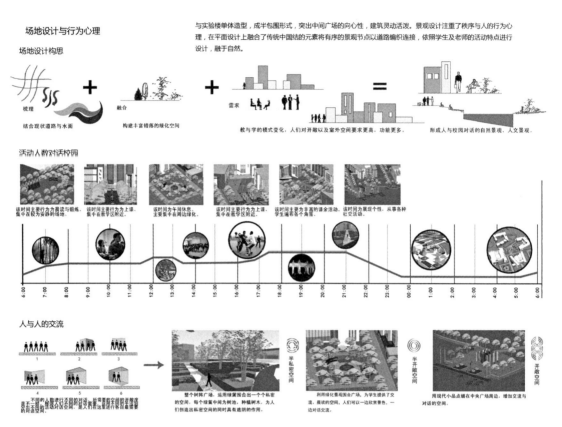

与实验楼单体造型，成半包围形式，突出中间广场的向心性，建筑灵动活泼。景观设计注重了秩序与人的行为心理，在平面设计上融合了传统中国结的元素将有序的景观节点以道路编织连接，依照学生及老师的活动特点进行设计，融于自然。

图 1-27　胡桐、王婧　霍普杯国际大学生设计竞赛设计构思缘起

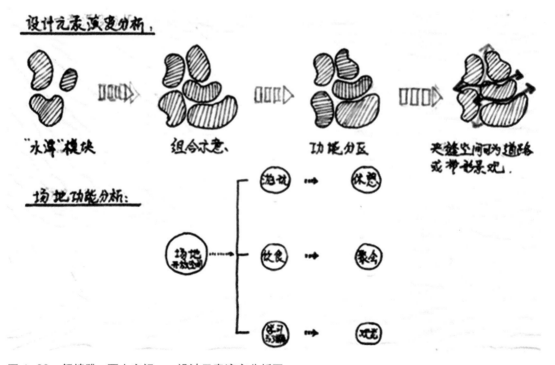

图 1-28　解婧雅　西山空间——设计元素演变分析图

1.5　设计课题——西山空间

设计课题定为"西山空间",这是一个以北京西山文化研究为基础的设计课题。

西山空间课题要点:首先对西山地区现状资料进行全面系统的调查,然后对资料进行梳理 和分析,在此基础上发现现状环境存在的问题,或提出新的设计概念,并由学生自行提出设计任务书,之后根据此任务书完成建筑设计。

西山空间之要义

京西门户,山水同在,有优美的自然景观、人文遗存、宗教场所,还包含了首钢所在区域,农耕文明遗存与工业文明遗产交相辉映,通衢大道和深山无路、当代潮流和传统文化并存,既是京西文化的依托,更是今天的都市生活所在。对于建筑学类专业选题,其地域、文化、遗产、时代特色丰富而鲜明,充满各种可能性,同时也有明确的限定。

图 1-29　宋宁宁　西山空间分析图

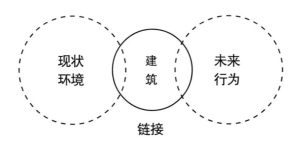

图 1-30　建筑把现状环境和未来发生的使用行为连接起来

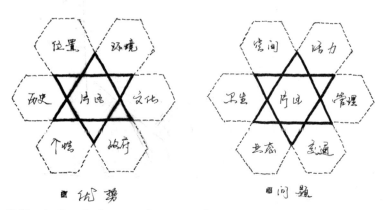

图 1-31　岳鑫　西山文化艺术收藏中心——优势与问题分析

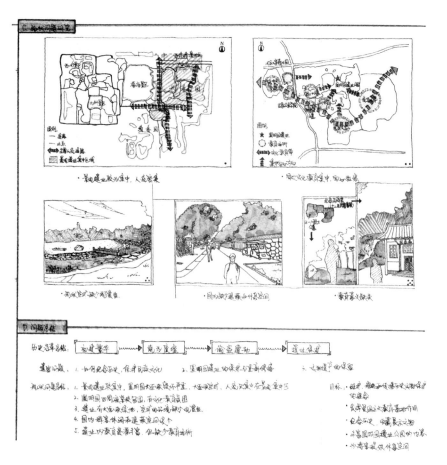

图 1-32　王婧　圆明园国殇纪念馆——问题研究与课题提出

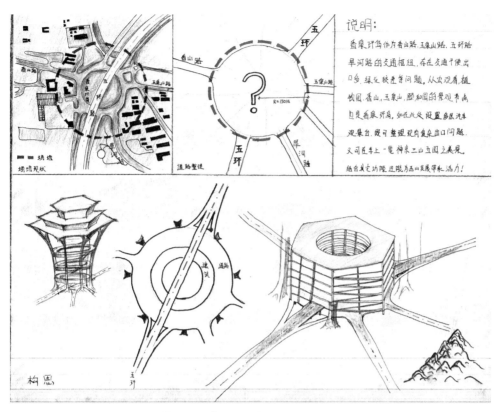

图 1-33　王瑞峰　西山高瞻塔——设计问题研究

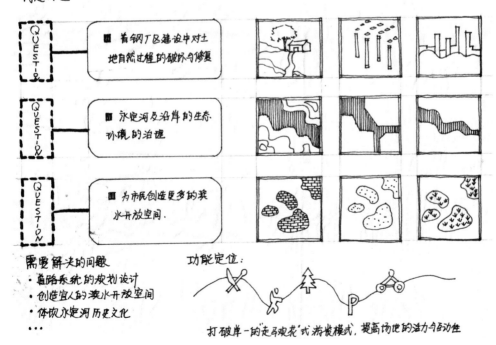

图 1-34　胡桐　水·湿地——生命的传承（问题综述与课题的提出）

1.5.1 西山空间之地理界面

西山空间并非一个有明确边缘界限的地理概念，但是又有地理空间的主体（图1-35）。

其核心区域可以概括为以北京西部为限定的，西部山体，北京的母亲河——永定河，其间的平原，可以对应于今天的海淀区、石景山区、门头沟区和丰台区。既包括了传统的"三山五园"，还可以延伸到河北的大片地区。北方工业大学位于石景山区核心位置，石景山区位于西山空间核心位置（图1-36、图1-37）。

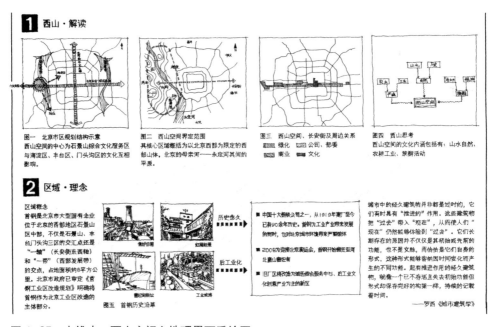

图1-35　李维杰　西山空间之地理界面手绘图

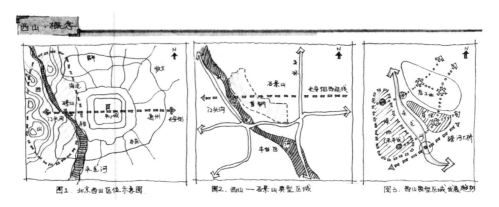

图1-36　赵欣　西山空间之地理位置手绘图

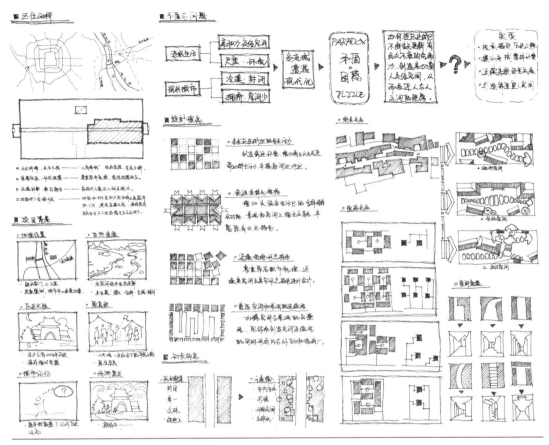

设计说明 街——是中国最基本的商业生存形态，在中国很长一段时间都是以这种形式为主，即使现代圣泉也无法抹去中国式传统商业街区的烙印。宛平城作为京都的咽喉要塞，具有深厚的历史底蕴，拥有风度的自然资源和文人气息。随着现代化进程的不断发展，宛平城门户的地位也日渐下降，本次设计在尊重历史的前提下，将现代元素融入老城区，赋予历史街区一个有文化底蕴又兼具个性的人性化场所，复兴宛平城，使其重现生机。

图 1-37 白旭 西山空间主题挖掘过程图

1.5.2 西山空间之文化内涵

西山空间之文化内涵有三：

第一，以山水为核心的自然与历史沉淀。

第二，深厚的农耕文明和工业文明交相辉映。农耕文明和工业文明典型的交叉表现形式，如"石景山"。首钢是中国在现代化过程中，工业文明的一个浓缩。

第三，族群——人的生活、人的气质、人的精神面貌的地域特征（图1-38）。

以上三点：自然、文明、气质，其实是交织在一起的，不是可以简单地拆解开来的，不仅是首钢、永定河，还有香山、颐和园、卢沟桥、宛平城、潭柘寺等，许多重要节点的文化内涵都极为复合而丰厚（图1-38～图1-40）。

历史轴

图1-38 董研博 西山空间历史文化内涵分析图

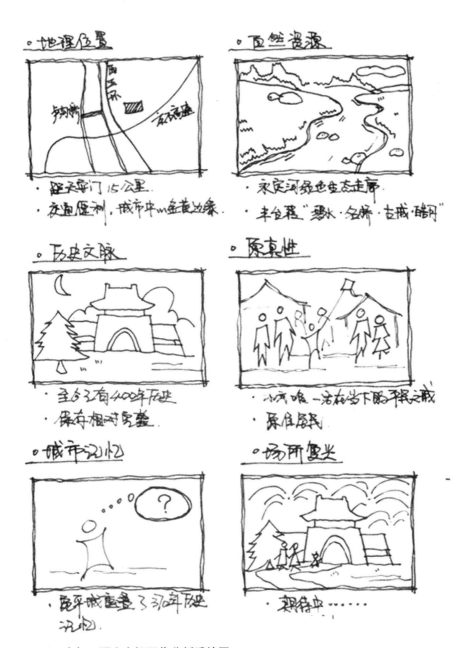

图 1-39 白旭 西山空间区位分析手绘图

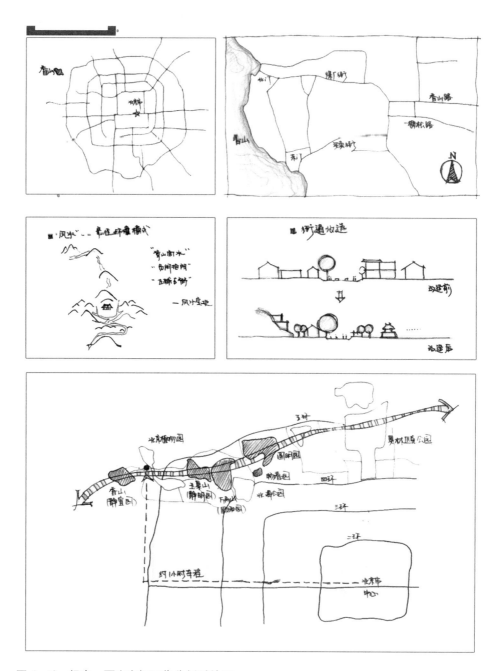

图 1-40 经真 西山空间区位分析手绘图

1.5.3 西山空间之形体特征

形体特征实际上与文化特征密切结合，难以区分，比如宗教建筑，这儿有北京最早的寺庙——潭柘寺，还有戒台寺、碧云寺等很多寺庙，它们有"山寺"的特质。永定河两岸总体形态特征是"疏朗"（图1-41）。

许多东西，如果拿出其一方面来与"非西山空间"范围内的另外一个对应项单独对比，可能很难发现或梳理出明显的差别来，但是把它作为一个整体进行比较，我们会感觉到整体形态上的差异，这个差异有时候是不可以用语言来描述的，但往往有时候是必须探索着用语言来进行描述，也正是这个差异引导出我们这个课题的特征（图1-42、图1-43）。

图1-41 宋宁宁 西山文化中心基地分析

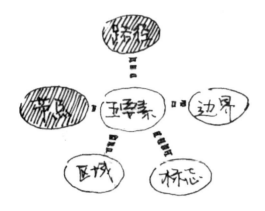

山文化——西山

概况:

　　北京西部山地的总称,属太行山脉。北以南口附近的关沟为界,南抵房山区拒马河谷,西至市界,东临北京小平原,面积约3000多平方公里,约占全市面积的17%。走向北京,长约90公里,宽约60公里。地势由西北向东南逐级下降,依次有东灵山——黄草梁——笔架山,百花山——髫髻山——妙峰山;九龙山——香峪大梁;大连尖——猫耳山等4列山脉,永定河横切山体,为泥石流多发区。低山及山麓一带多名胜古迹,上方山、香山、八大处、潭柘寺、戒台寺、石花洞、云居寺、十渡等地为京西著名游览地。

　　宛如腾蛟起蟒,从西方遥遥拱卫着北京城。因此,古人称之为"神京右臂"。

文化底蕴:

　　1. 由于其独特的地质作用,北京西山形成了现在的构造格局,具有极高的地质科研价值。

　　2. 北京西山风景秀美,生态环境良好,历史人文景观丰富。

与基地关系:

　　基地坐拥西山脚下,地理位置得天独厚。

水文化——永定河

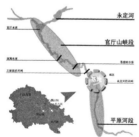

概况:

　　永定河是流经北京的第一大河,是首都北京的母亲河,主要流经北京门头沟、石景山、丰台、房山和大兴五区。永定河是由洋河、桑干河和妫水河于官厅水库汇集后形成的一条切穿西山的大型风景河谷。三河汇入官厅水库后进入门头沟区,始称永定河。

文化底蕴:

　　1. 北京主要或间接的主要水源。

　　2. 永定河的洪积冲积扇为北京城的形成和发展提供了优越的地理空间。

　　3. 流域内蕴藏着丰富的煤炭资源,并有悠久的开发历史。流域内有诸多名山及其相关历史文化。

与基地关系:

　　上世纪70年代末起,永定河生态退化,扬沙严重,直至干涸。2010年启动的"四湖一线"工程,建成以水串景、水绿相间的绿色生态走廊,2010年底,先期在门城湖、莲石湖、宛平湖形成水面150公顷,绿化120公顷。基地位于莲石湖郊野公园,现景观绿化效果较好。

图 1-42　郎俊芳　凯文林奇五要素;邓清　西山文化背景分析图

区位分析

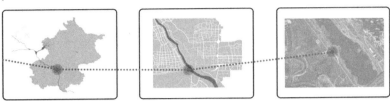

基地分析

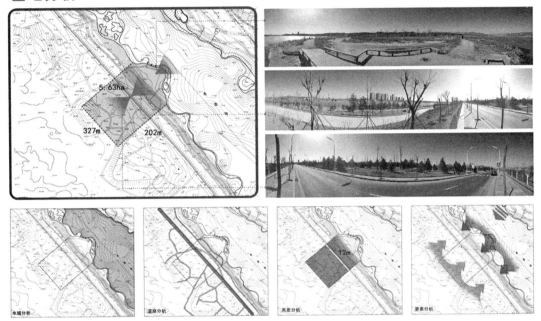

图 1-43　白旭　西山空间主题发现分析图

1.5.4　西山空间之课题要求

首先，从以上三个大背景出发，学习并探索，用图和文结合的方式来描绘西山空间的自然、文明和气质的不同，用可以说出来的话、可以看到的图，把我们的认识表达出来，这是课题的第一个要求——图解·缘起（图 1-44、图 1-45）。

第二，我们主动选择一个有集中交叉点、可以深入的、有现实地段可以认知的课题，其选择标准应该是清晰的，并需要有一个叙述过程。构成特定的"这一个"西山空间，产生具体的问题，推导具体的问题，回答具体的问题。这是课题的第二个要求——分析·研究（图 1-46、图 1-47）。

其三，产生、推导、回答的过程是清晰的，并用可以说出来的话，可以看到的图，可以触摸的模型表达设计，将这个全过程呈现出来。这是课题的第三个要求——图解主题生成过程（图 1-48、图 1-49）。

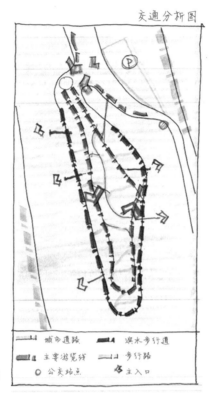

图 1-44 设计地段现状分析图

图 1-45 李志成 西山空间自然环境手绘效果图

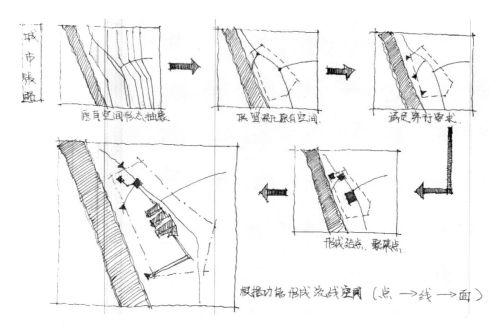

图 1-46　陈强强　西山空间设计主题发现过程推导分析图

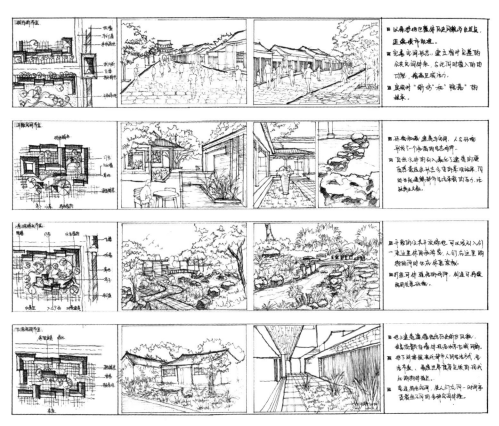

图 1-47　白旭　西山空间设计竟向效果图

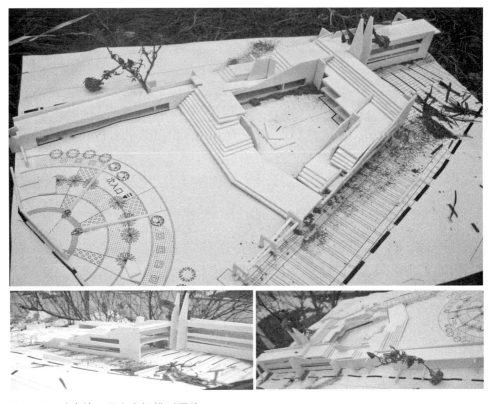

图 1-48　孙青峰　西山空间模型照片

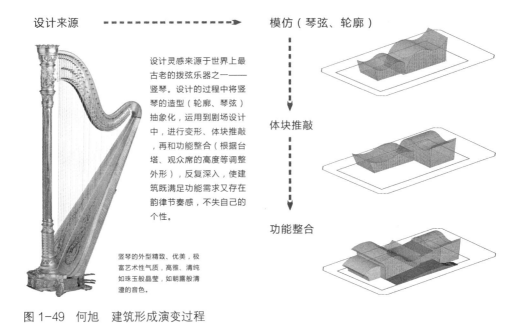

设计来源 ┅┅┅┅┅┅➤ 模仿（琴弦、轮廓）

设计灵感来源于世界上最古老的拨弦乐器之一——竖琴。设计的过程中将竖琴的造型（轮廓、琴弦）抽象化，运用到剧场设计中，进行变形、体块推敲，再和功能整合（根据台塔、观众席的高度等调整外形），反复深入，使建筑既满足功能需求又存在韵律节奏感，不失自己的个性。

竖琴的外型精致、优美，极富艺术性气质，高雅、清纯，如珠玉般晶莹，如朝露般清澄的音色。

体块推敲

功能整合

图 1-49　何旭　建筑形成演变过程

第 2 章 | 建筑设计的立意与实现

2.1 建筑的文化意义

20世纪上半叶欧洲现代主义运动认为房屋是一个更大的范畴，也认为房屋与建筑的差异是确实存在的，确定房屋与建筑的关系为.

建筑 = 基本房屋 + 意识形态

其中，意识形态≈意义，所以:

建筑 = 基本房屋 + 意义[①]

结论: 需要寻找意义

去哪里寻找意义?

寻找意义的有效方法和途径是什么?

怎样发现意义?

怎样创造意义（图2-1 ~ 图2-5）?

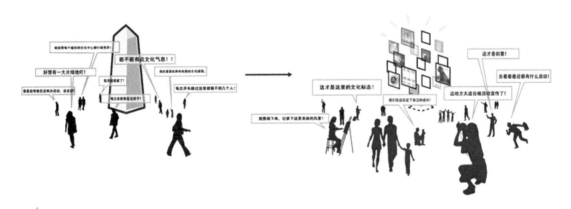

图2-1 邓清 西山文化中心——设计意义分析图

---

① 张永和，张路峰.向工业建筑学习 [J]. 世界建筑，2000（07）.

·圆明园始建于康熙46年(1709年)，是清朝皇室在150余年间创建和经营的一座大型皇家宫苑。清王朝倾全国物力，集无数精工巧匠，填湖堆山，种植奇花异木，集国内外名胜景40景，建成大型建筑物145处，内收藏收计数的艺术品和图书文物。在这些建筑中，除具有中国风格的庭院外，长春园内还有海晏堂、远瀛观等西洋风格的建筑群，被誉为"万园之园"。

··咸丰十年(1860年)8月，英法联军攻入北京。10月6日占领圆明园。从第二天开始，军官和士兵疯狂地进行抢劫和破坏。10月18日英略军三千五百余人奔赴圆明园，纵火焚烧，这场大火烧了三天三夜，烧毁了这座宫苑。

∴1900年，八国联军攻入北京，圆明园又一次遭到破坏。清朝覆灭后，一些军阀、官僚、政客纷纷从圆明园盗运建筑材料，这些人为了得到木柱石料将原有建筑基址破坏。民国时期老有些人专靠拆从圆明园挑木料，圆明园遗址遭到进一步破坏。

∴被毁后的圆明园，留下遗迹最多的建筑在西洋景区，最著名的则是大水法，因为只有它一直孤独地站立了下来，而它立柱之间的砖结构也被挖全掏空了，物下到处都是石块，1976年，圆明园遗址被列为北京市重点文物保护单位，之后，圆明园遗址的整修工作逐步展开，后被辟为圆明园遗址公园。

图 2-2　王婧　圆明园国殇纪念馆——历史文化沿革示意图

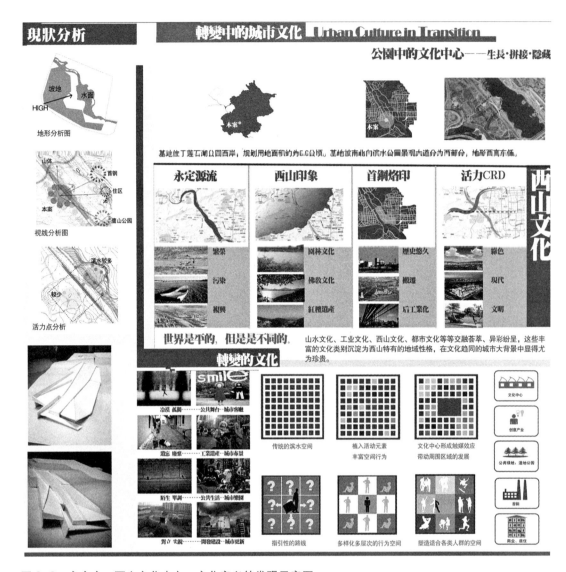

图 2-3　宋宁宁　西山文化中心，文化意义的发现示意图

设计说明: 博物馆位于道路东侧，靠近水岸，建筑尽可能尊重现有环境，顺应地势，以公园中的文化中心为主题，以折线拼接的手法营造空间。博物馆利用屋面窗井为地下一层、地下二层直接采光，为参观者提供柔和的光线，营造出特殊的光影空间。剧院与室外剧场、室外展场位于道路西侧，通过斜坡屋面的设计，与室外剧场、展场构成连贯的公共空间，增强人流活力。通过简洁的折线手法与博物馆产生对话，相互呼应（图 2-3）。

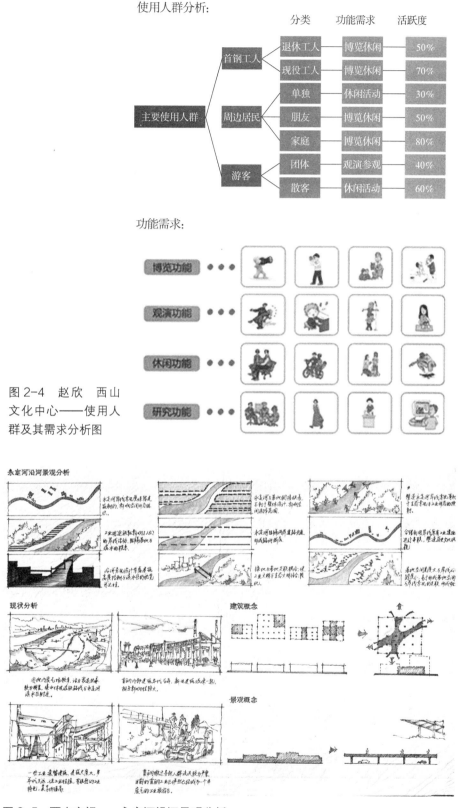

使用人群分析：

功能需求：

图 2-4　赵欣　西山文化中心——使用人群及其需求分析图

图 2-5　西山空间——永定河沿河景观分析

2.2 建立一个寻找意义的教学模式

研究生设计课教师的职责在于建立一个带有特定的思维模式的有效的工作模式，并引导学生按照这种思维方式进行思考，推带动学生按照这种特定的工作模式去工作，使学生能够最终找到一个非凡的意义，建立一个新的概念，进而用建筑环境设计方法给这个意义赋形，最终完成一个具有意义的方案（图 2-6）。

调查设计资料 ➡ 梳理设计条件 ➡ 找到非凡的意义 ➡ 设计有意义的方案

图 2-6　设计过程框图

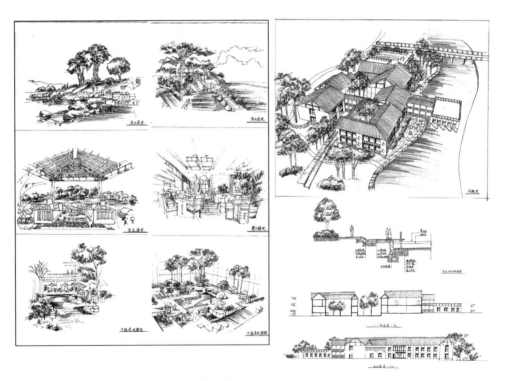

图 2-7　解婧雅　西山空间——文脉分析图

教师评语：设计选题符合西山山水文化的特点，体现了设计者对西山文化意义的理解。方案从对场地特征和人的行为方式的分析出发，利用山水环境、地形地势，结合不同的功能元素 进行设计，强调了"水潭"的形式母题。设计者注重中国传统建筑和园林文化在设计中的体现，通过"廊"、"院"等传统形态要素来表达对传统文化意义的理解。对室内外空间和景观细节的充分考虑也是方案的特色之一。在表达技法方面，图纸体现了设计者熟练地运用手绘技法表达设计意图的能力（图 2-7）。

　　要求学生学会的不仅仅是这个非凡的意义和新的概念，而是学习并掌握这种特定的思维方式和工作模式（图 2-8）。

永定河滨水广场设计

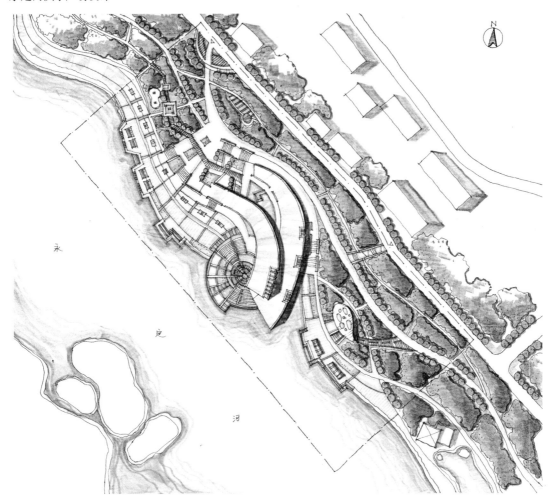

西山空间设计——"曲水流觞"永定河滨水广场设计

图 2-8　赵欣　西山空间

　　教师评语：设计者选取的地段和设计内容符合西山区域的特征，具有一定的典型性，对西山文化的意义有较为清晰的理解和阐释。方案的空间形式有一定创意，流线型的形态能够较好地融入场地的地形地貌，对滨水的外部活动空间的设计有较为充分的考虑。对于外部空间和景观的精细化设计是方案最为突出的优点。在表达技法方面，设计者能够熟练地运用手绘技法表达设计意图。整套方案体现了设计者扎实的基本功和综合分析、解决设计问题的能力（图 2-9 ～图 2-12）。

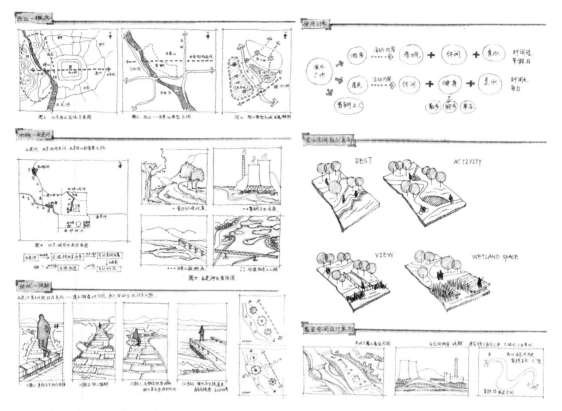

西山空间设计——"曲水流觞"永定河滨水广场设计

图2-9 赵欣 西山空间

设计说明：西山空间蕴涵多种元素，本次设计探讨首钢改造与西山水脉的相互影响。为纪念永定河悠久的历史，选取永定河首钢段莲石湖公园中的一块用地，设计永定河滨水广场，复兴人们与永定河的亲密关系。滨水广场的主要功能为中心广场、展示区以及滨水休闲活动区，利用自然生态的设计手法为人们提供环境优美的场所，提供多样性的活动空间，使人们与水的关系更加亲密，似生长于地面的覆土展廊给人们多重的空间体验。

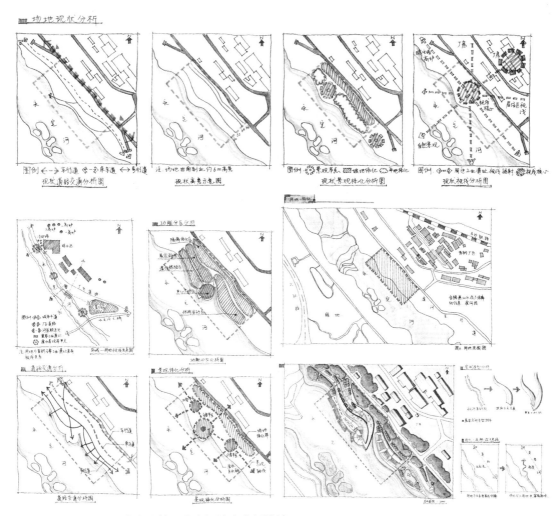

西山空间设计——"曲水流觞"永定河滨水广场设计

图 2-10　赵欣　西山空间

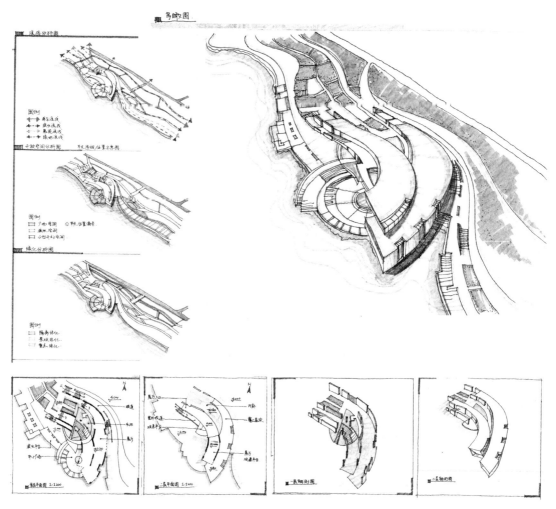

西山空间设计——"曲水流觞"永定河滨水广场设计

图 2-11　赵欣　西山空间

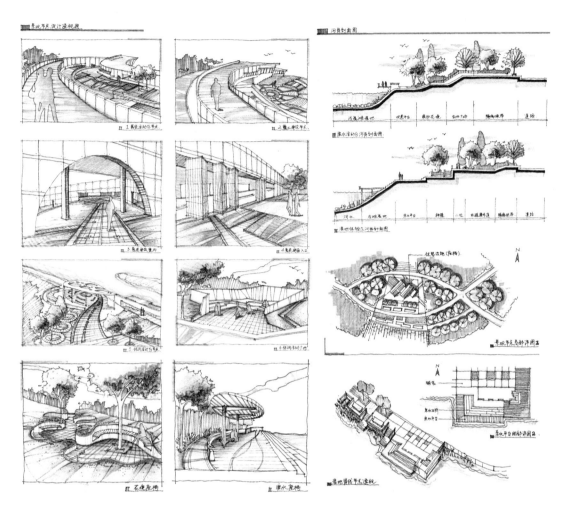

西山空间设计——"曲水流觞"永定河滨水广场设计

图 2-12 赵欣 西山空间

2.2.1　寻找和发现意义的教学模式

我们的设计过程大致可以分为两个阶段：

第一阶段为"发现意义"，

第二阶段为"给意义赋形"（图 2-13 ）。

（1）第一阶段为"自下而上，发现意义"

发现意义是指从大量的貌似毫无关联的基础素材中发现"意义"、建立新的设计概念的过程。从环境条件中找寻抽象意义以及由它衍生出来的文化方面的含义，对材料进行梳理、挖掘，找到内在规律，发现其内在机理和结构，并依此建立设计的主题思想。这是一个"自下而上"的过程，是一个从具象到抽象的过程（图 2-14 ~ 图 2-16 ）。

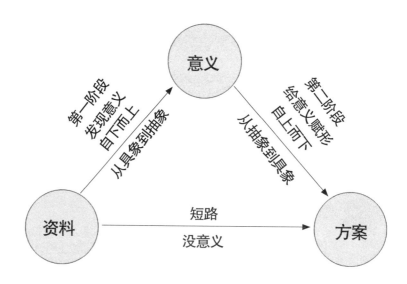

图 2-13　设计过程两个阶段：发现意义和给意义赋形

4 概念·定义

在规划设计中保证这三个特征的活力，能够维持城市的自增长，并且是向好的方向发展。
我们的目标是：保护首钢作为磁器的历史和磁力，增强首钢作为容器的活力和创造力，提升首钢作为辐射器的先锋性和领导力。

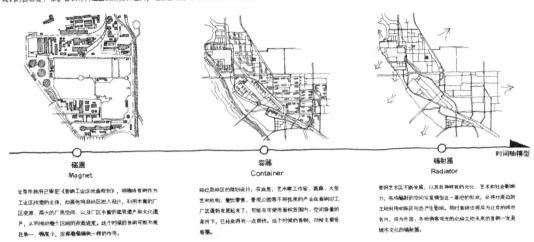

<table>
<tr><td>磁器
Magnet</td><td>容器
Container</td><td>辐射器
Radiator</td></tr>
<tr><td>北京市政府已审定《首钢工业区改造规划》，明确将首钢作为工业区改造的主体，如果率先启动区进入设计，利用丰富的厂区资源，高大的厂房空间，以及厂区丰富的建筑遗产和文化遗产，从而推动整个区域的改造进度。这个时候的首钢可能功能还单一，强度小，发挥着像磁铁一样的作用。</td><td>经过启动区的规划设计，在这里，艺术家工作室、画廊、大型艺术机构、餐饮零售、景观公园等不同性质的产业在首钢旧工厂区逐渐发展起来了，可能在可使用面积范围内，空间容量的条件下，已经变得有一点雨桥。这个时候的首钢，功能丰富变得容器。</td><td>首钢艺术区不断发展，以其自身特有的文化、艺术和社会影响力，形成辐射的空间发展模型这一基地的形成，必将对周边的土地利用和街区形态产生重动。同时首钢也将成为北京的城市名片，成为外国、外地游客观光的必经之地未来的首钢一定是城市文化的辐射器。</td></tr>
</table>

图 2-14　李维杰　西山空间——基地概念意义分析图

对象特征解读

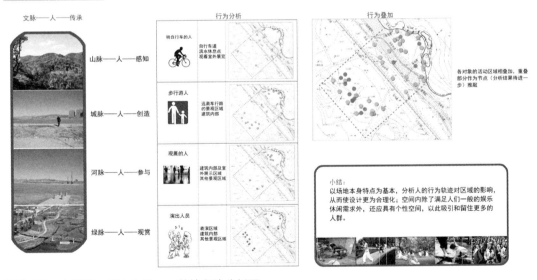

图 2-15　李孟琪　西山空间——基地文脉分析图

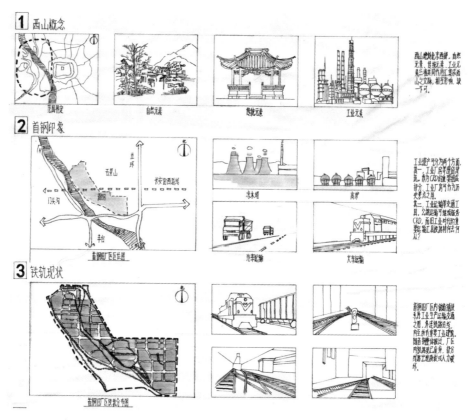

图2-16 宁丁 西山空间基础素材

设计构思

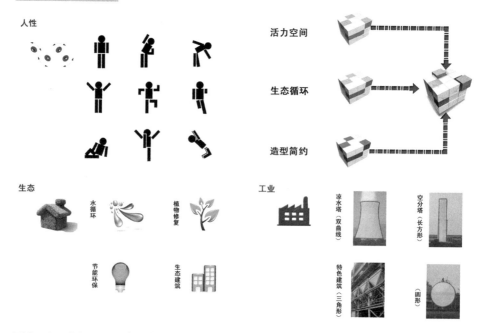

图2-17 白旭 西山文化中心——形态设计构思分析图

（2）第二阶段为"自上而下，给意义赋形"

这个阶段是用建筑环境空间和建筑技术手段将"意义"和新概念实现的过程。莎士比亚说："诗人写诗是情感的赋形。"相应的建筑设计是用实体和空间营造给意义赋形，这是一个使意义有形化的过程、自上而下的过程、从抽象到具象的过程（图 2-17 ～图 2-23）。

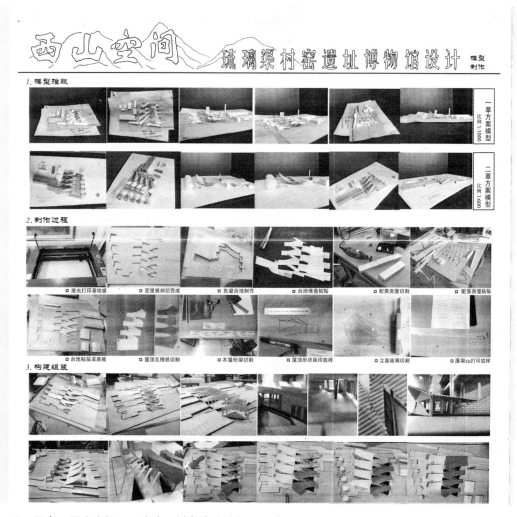

图 2-18　马尧　西山空间——琉璃渠村窑遗址博物馆设计

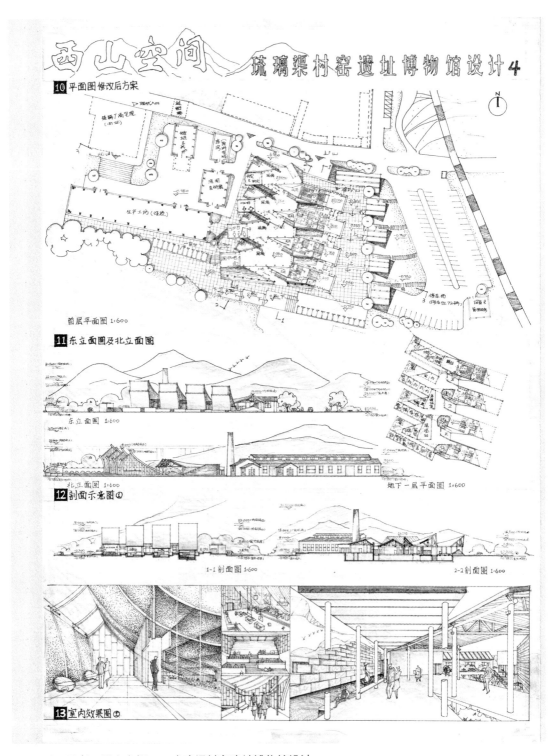

图 2-19　马尧　西山空间——琉璃渠村窑遗址博物馆设计

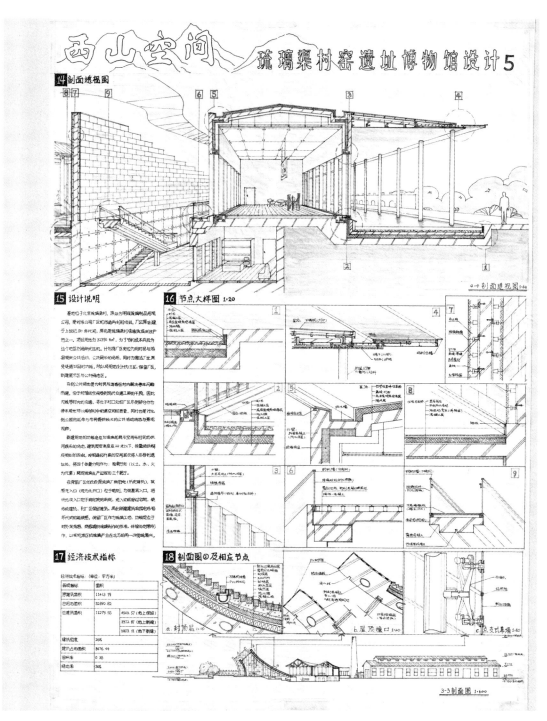

图 2-20　马尧　西山空间——琉璃渠村窑遗址博物馆设计

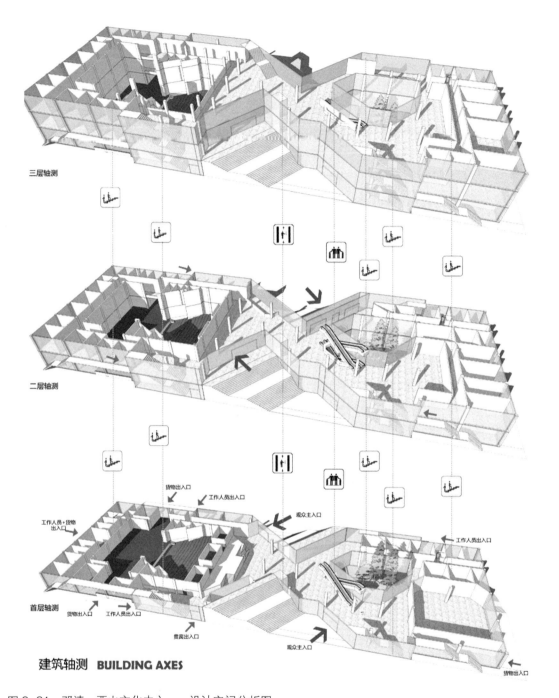

建筑轴测 **BUILDING AXES**

图 2-21　邓清　西山文化中心——设计空间分析图

　　教师评语：设计充分考虑了基地的历史文化背景和场地的现状，凸显了西山文化的意义。方案场地设计布局合理，建筑的功能分区明确，流线清晰合理，内部空间体验丰富，与文化娱乐建筑的空间特征相吻合。设计者在设计过程中，能够综合运用手工模型、计算机等辅助设计手段来推进设计深化的进程。

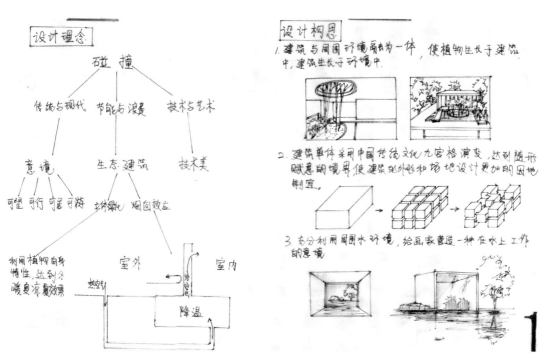

图 2-22　李宝山　西山空间——设计理念推演过程分析图

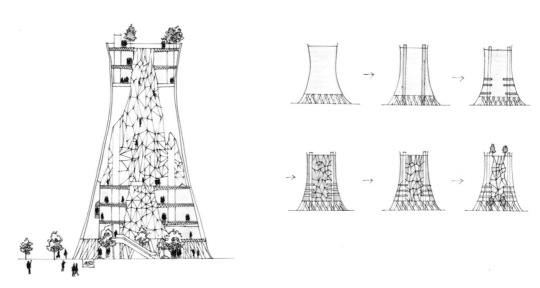

图 2-23　曹阳　西山空间推演过程分析图

2.2.2 发现意义的过程

发现意义的过程分为五个步骤：

第一步，调查——全面掌握现状信息，通过现场踏勘、拍照、收集文献、阅读史志等方法进行（图 2-24 ~ 图 2-26，表 2-1）。

第二步，梳理——对基础材料进行初步梳理加工、深入分析、归纳总结并清晰地梳理出事物的基本脉络，建立起符合事物内在逻辑的结构体系这是最关键的一步（图 2-27 ~ 图 2-29）。

第三步，发现捕获——在进一步分析各部分关系的基础上，敏锐地发现问题、把握问题的核心内容。

第四步，确立主题——建立新的概念，确立设计主题和中心思想（图 2-30）。

第五步，表达——用逻辑和易懂的图形语言将上述过程表达出来。

把寻找意义的过程中所用到的自然、地理、历史和人文资料作为素材按照一定的逻辑关系组织成一系列图形语言，表达寻找意义的过程中思想演变的轨迹，表达一个探索的过程、一个逻辑推理的过程、一个研究的过程。将寻找意义的过程用易懂的图形语言表达出来，培养这种表达能力也是我们的学习目标之一（图 2-31、图 2-32）。

· 调查

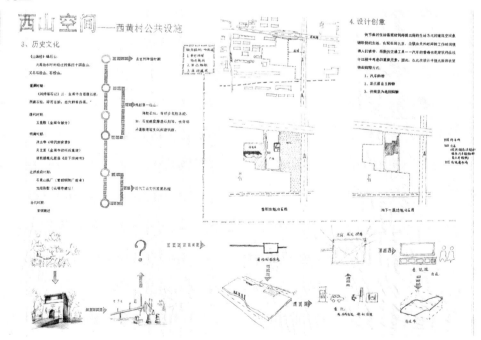

图 2-24　魏文倩　图解现状调查

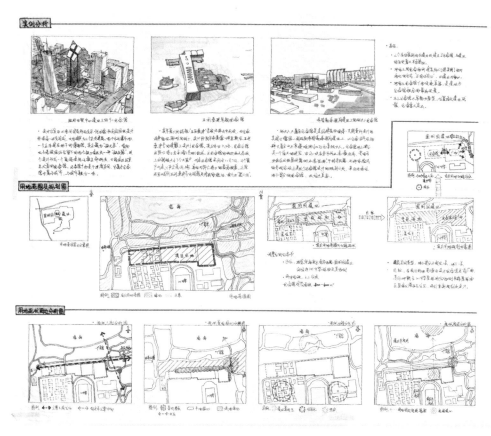

图 2-25　王婧　图形分析现状环境关系

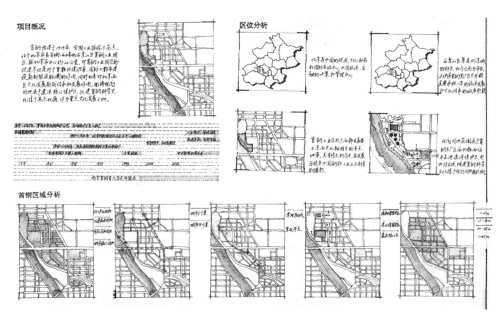

图 2-26　西山空间——区位现状分析

首钢现状基础信息构成 表 2-1

时间 内容	过去	现在	未来
首钢大事件	支柱工业、首钢搬迁	空置、废弃	CRD工业遗产、展览
社会环境	农业、工业区	后工业转型时期	文化、旅游、休闲
地理环境	西山、永定河	西山	人工湖
气候	多雨、工业污染	干旱、沙尘、雾霾	人口治理
历史	故事、传说	我们的故事	未来的构想
人口	调查	调查	预估

· **梳理**

图 2-27 刘莹 石景山平民规划与设计——单体场地梳理分析

初步功能分析

图 2-28 刘莹 石景山平民规划与设计——初步功能分析

使用人群分析：

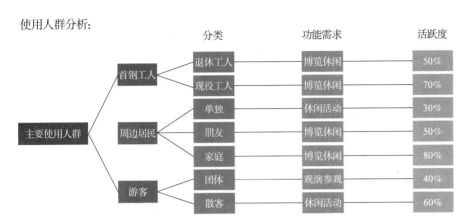

图 2-29

· 发现捕获、确定主题

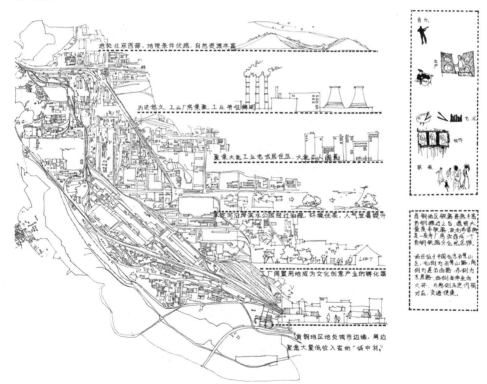

图 2-30　陈虎　首钢工业园区主题思想分析图

·表达

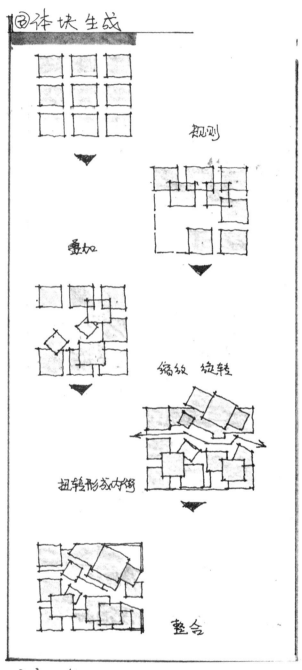

主要功能

▨ 艺术家工作室
展厅、美术馆
▨ 艺术剧院

图 2-31　李欣宇　体块生成分析图

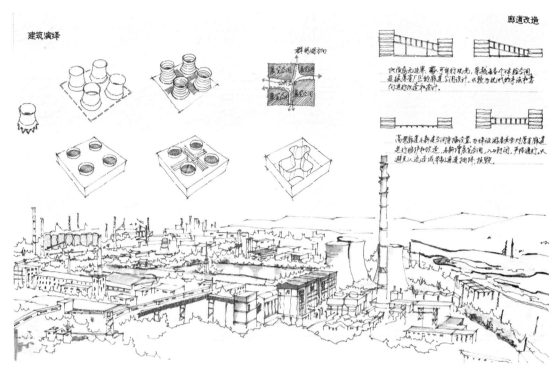

图 2-32　西山空间建筑演绎过程表达

2.2.3　小结：从偶然状态进步到必然状态

多年以来，我们在教学中一直致力于对学生的创造性设计思维的培养。现在我们总结出一种教学方法，它可以推动设计灵感的激发与捕获从偶然状态逐步过渡到必然状态——使设计趋近于事物的本质，这一点无疑是一种巨大的进步。

我们最初的设计教育只是用鼓励的方法激发学生的创作热情，点燃学生的思想火花，学生及时捕捉并记录下这些点滴的灵感，作为创作的原发点。这个过程可视为点滴积累，即"量变"。

现在我们引导学生采用一种特定的工作方法、思维模式"研究型设计模式"去追求事物的本质规律，找到或建立新的意义，使创造性设计思维从偶然性过渡到必然性，从随机状态进化到稳定状态。这个过程可视为能力的升华，即"质变"。

2.3 用创造性方法和研究方法"给意义赋形"

2.3.1 用创造性方法"给意义赋形"

解决一个问题有很多种方法和途径。

（1）调用个人大脑中储备的库存信息来解决问题。

运用这种方法进行设计取决于设计者个人知识的丰富程度和经验的多少，同时受到设计者个人的思维习惯的支配。由于设计者的经验和习惯不同，所以提出的解决问题的方法也各不相同（图2-33～图2-36）。

（2）参照外部信息同时展开联想。

例如一边翻阅杂志一边进行设计。这种方法取决于所占有的参考资料、信息的丰富程度和由此而产生的联想的深度和广度。

在设计中以两种形式的行为活动是循环交互进行的，设计思维过程在大脑中是一种"暗箱操作"。如果这一段时间设计者处于每时每刻都在思考设计方案的状态，人的设计联想会在有意识和潜意识两个层面同时进行，有时候也会发生在梦里（图2-37、图2-38）。

这时候人周边的一切事物都有可能成为一种参考信息而引发设计联想。比如在马路上偶然看到的事物，也常常会引发联想。这种联想具有随机性和偶然性。

（3）打破原有的思维方式，换一个角度去思考原来的事物，重新建立一种秩序，会得到一个新的结果（图2-39）。

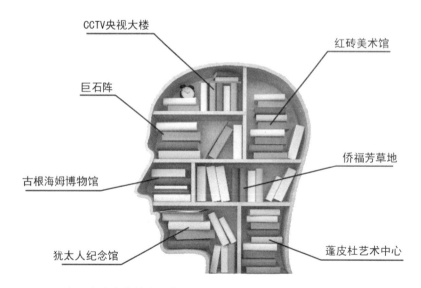

图2-33 个人大脑库存信息示意图

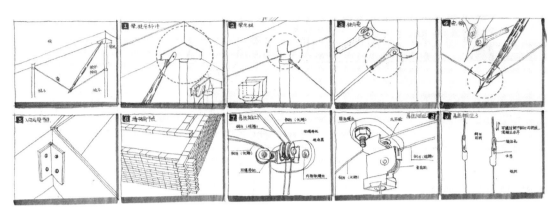

图 2-34　刘莹　石景山平民市场与规划设计——建筑节点大样

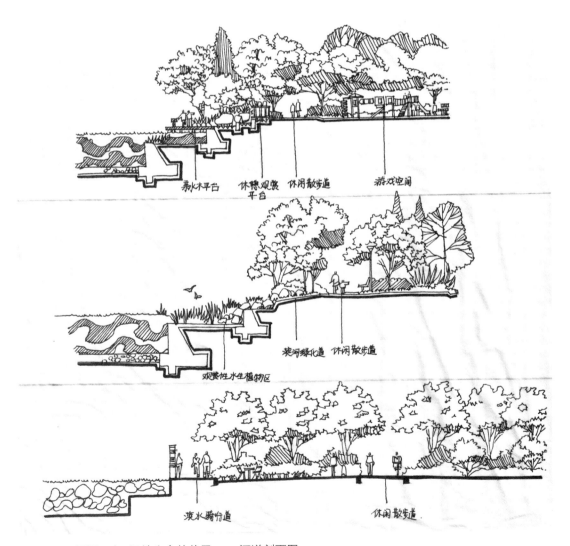

图 2-35　胡桐　水·湿地生命的传承——河道剖面图

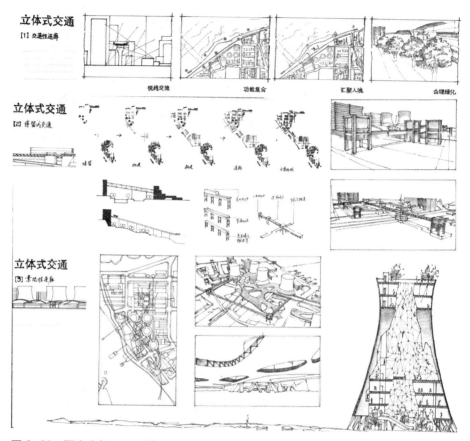

图 2-36 西山空间——立体式交通分析

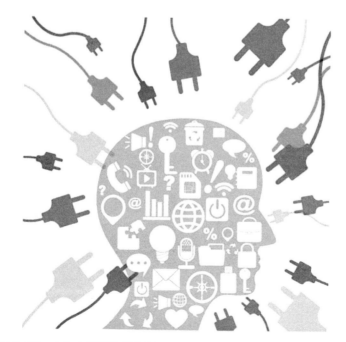

图 2-37 人体大脑活动示意图

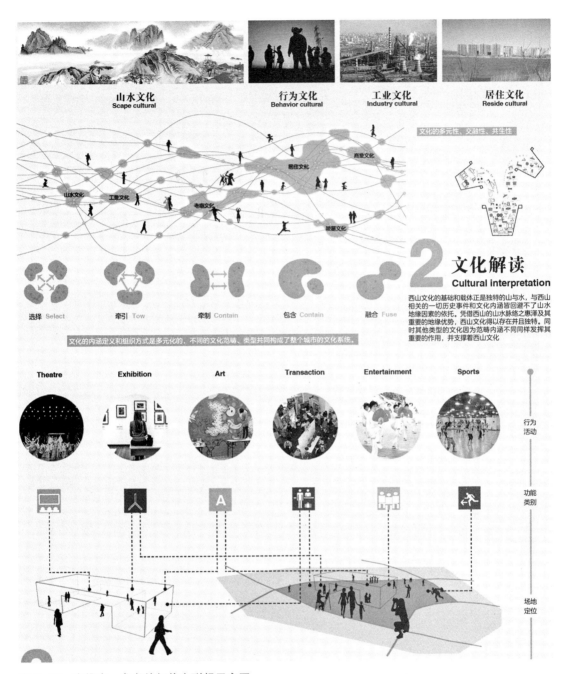

图 2-38　李维杰　参考外部信息联想示意图

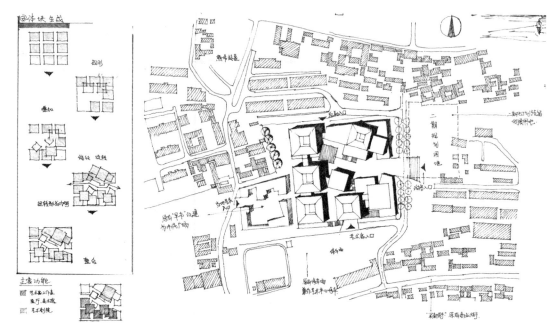

图 2-39　李欣宇　西山空间——总平面图秩序的打破与整合示意图

教师评语: 设计重点考虑了建筑体量与周边环境肌理的融合, 从协调尺度、营造场所、融合周边用地功能等角度出发来组织空间, 既延续了地段原有的历史文脉, 也回应了新时代的文化内涵。方案的体块布局合理, 室外空间的设计充分到位。

2.3.2　用研究的方式进行设计, 用特定领域的专业知识去解决问题

　　用特定领域专业知识去研究问题、寻求解决之道, 这样的设计是有专业深度的。对于同一个题目, 可以尝试用不同领域的知识去研究解决, 如城市设计、绿色生态、建筑技术、力学与结构等。也可以尝试将多个专业领域的知识介入建筑设计综合解决问题。以不同的途径, 采用不同的研究方法去解决问题, 能够得到不同的设计结果 (图 2-40 ~ 图 2-43)。

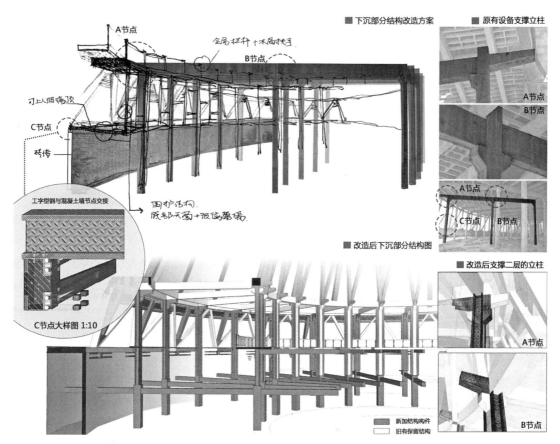

图 2-40　马尧　首钢凉水塔改造为酒店钢结构节点设计图

雨水收集系统

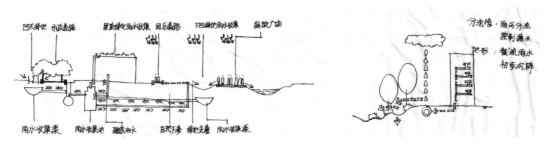

图 2-41　胡桐　水·湿地生命的传承—— 雨水收集系统

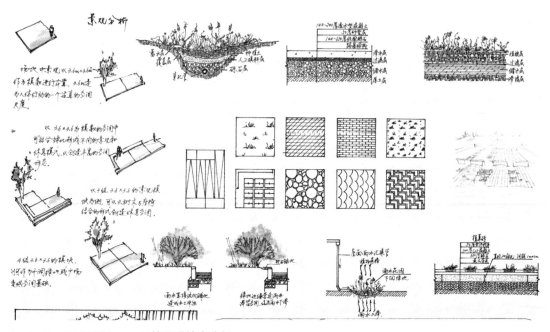

图 2-42　西山空间 ——园林景观技术分析

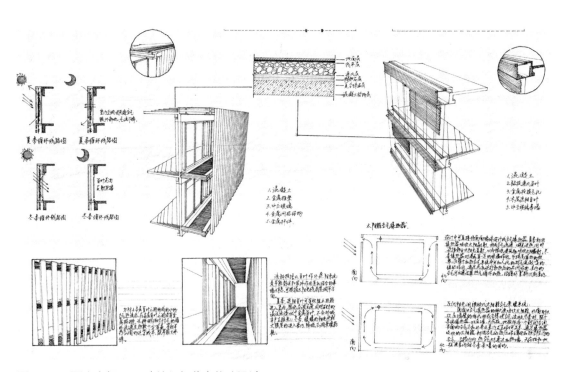

图 2-43　西山空间——建筑细部节点构造设计

2.4　设计思维过程的模型化

设计最可贵之处在于创造性。设计导师最可贵之处在于激发和引导学生创造性。

设计导师充分了解设计思维过程的几个阶段及其特征，可以有效地引导、激发学生进行创作。这里要建立一个创造性思维过程的模型，帮助师生理解创造性思维的发生过程。

创作灵感的形成具有随机性和不确定性，同时它有一定的规律性可循。我们尝试找到其普遍特性并试图将这个过程模型化，用来指导学生进行创造性思维的设计活动。这个过程 可分为五个阶段性进程，渐进式滚动发展（图 2-44、图 2-45）。

进程一：接触与了解

进程二：思维发散

进程三：思维积累与发酵

进程四：发现契合点，产生共鸣

进程五：整合成型

进程一：接触与了解

从接触题目开始全面了解题目的含义，广泛收集、阅读现场相关资料，梳理体系，深入挖掘背景信息，洞察深层次的发生原因及其内在必然性。此阶段的思维方式是挖掘和吸收（图 2-46）。

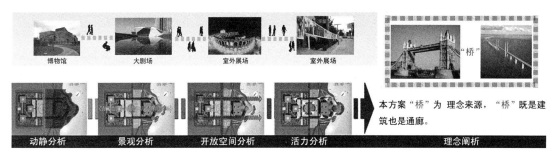

图 2-44　卞修金　设计思维过程表达

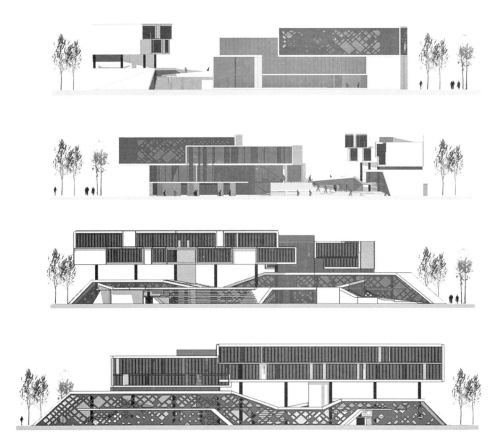

图 2-45　郎俊芳　西山文化中心——立面图和剖面图

图 2-46　白旭　首钢工业厂区改造与再利用——设计背景分析图

进程二：思维发散

着手设计，进入设计思维状态，尝试运用各种不同的方法去解决问题，东西南北、上下左右多方向出击，反复多次地进行探索、尝试。这个阶段的思维方式的特点是发散式的头脑风暴，有时甚至是漫无目标的遐想，思维保持高度活跃状态。暂时无目的的探索会扩大你的关注范围，这个阶段尝试的方向越多，对后期创意起的作用越大（图 2-47 ～ 图 2-49）。

进程三：思维积累与发酵

在这个过程中，人的设计思维保持活跃的状态。前面两个阶段的尝试性思维轨迹会逐渐积淀下来，在大脑中形成一些不相关的印记，它们会相互联系相互影响、相互碰撞、相互作用，等待最合适的机缘以促其萌发，伺机寻找一个

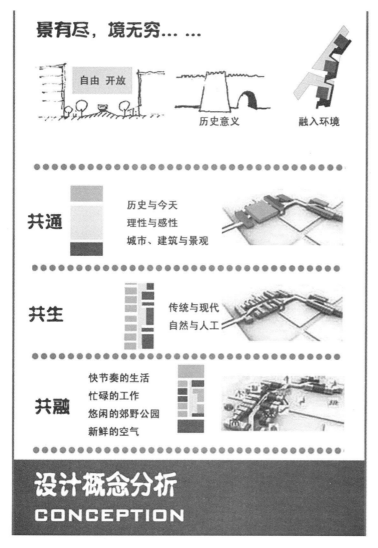

图 2-47 董妍博 西山文化中心——设计思维过程分析图

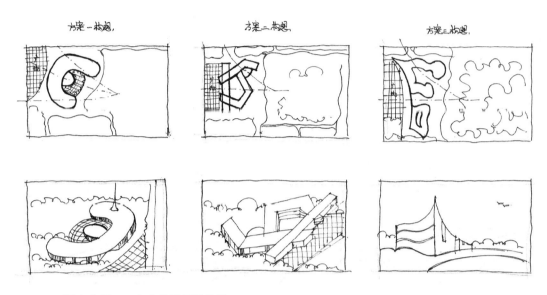

图 2-48 西山空间——方案构思思维发散

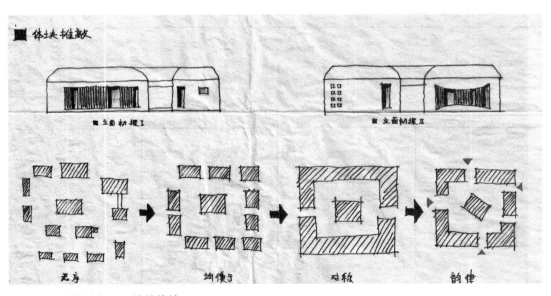

图 2-49 西山空间——体块推敲

能够产生共鸣的契合点。此阶段的思维方式是联想与碰撞（图 2-50）。

此阶段的思维方式是联想与碰撞。这种碰撞、发酵的过程会在有意识和无意识两个层面同时进行，有的甚至在梦中也会发生（图 2-51、图 2-52）。

进程四：发现契合点，产生共鸣

当人的尝试性思维在摸索中无限靠近事物的本质的时候，或当发散性思维过程中的某两种或几种思想因素相遇后找到它们之间新的契合点，产生新的思想结合体，发生思维突变，建立起新的结构时，新的创意构思诞生了设计性思维会实现一种质变和飞跃，并进一步产生强烈共振，人的思维会再次兴奋起来。此阶段的思维方式是灵感和直觉（图 2-53）。

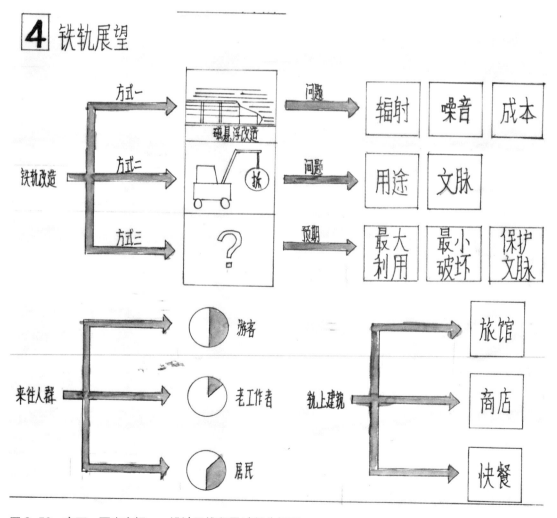

图 2-50　宁丁　西山空间——设计思维积累过程分析图

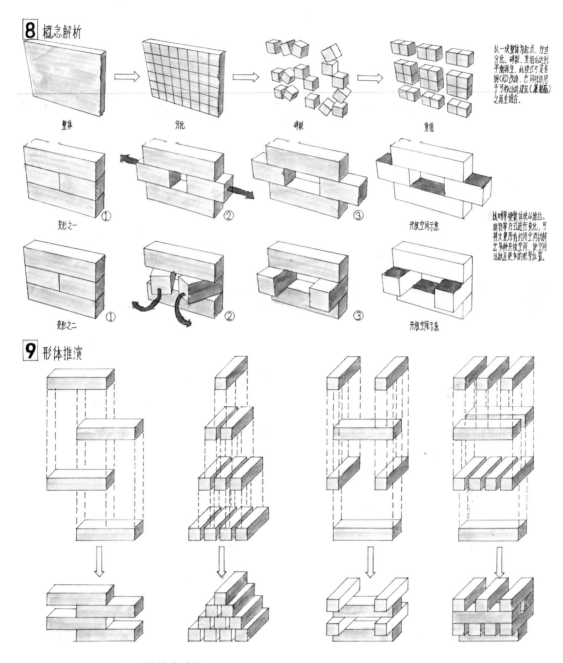

图 2-51　宁丁　设计思维推演过程图

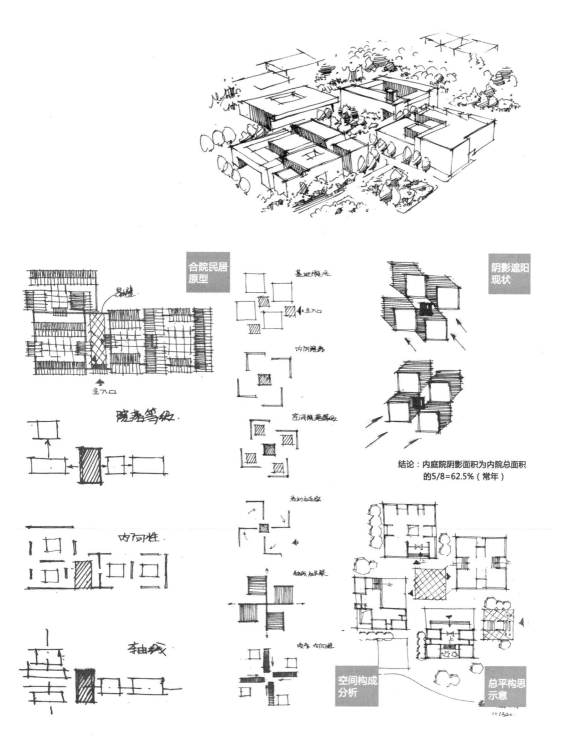

图 2-52　梁骁　霍普杯国际大学生建筑设计竞赛——设计思维的发展

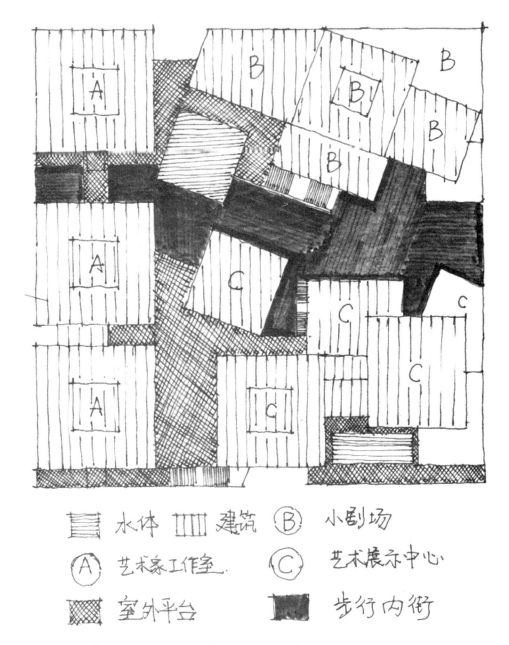

图 2-53　李欣宇　西山空间——功能、空间、形式的契合

进程五：整合成型

　　将这种新的思想结构体按照最初的设计要求进行适应性调整，使其满足设计要求，趋近于目标，最后整合成为一个与设计要求相吻合的设计成果。整合阶段的思维特点是"调整与适应"。（图 2-54、图 2-55）

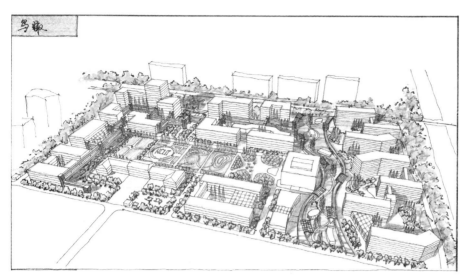

图 2-54　邓清　西山空间——设计整合成型图

　　教师评语：设计选题切入点独特，以网络时代为大背景，与西山文化紧密联系，并结合实际的校园生活，探讨了一种合理而又有一定创新的绿色校园规划模式。以单元式网格为主体的规划结构对整个设计主题作出了很好的阐释，庭院式的学院建筑群围绕校园的中心绿地组织，并以结合了太阳能生态设计的廊道贯穿整个校园，形成了丰富的校园空间层次。

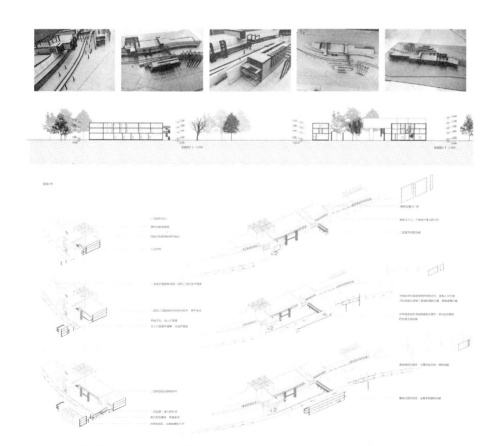

图 2-55　韩佳君　西山空间设计整合

2.5 教学重点和难点

2.5.1 教学重点和难点之一

现象：学生在第一阶段没有进行研究文化意义的挖掘设计，经常会直接进入具体建筑设计阶段，如平面、立面、剖面和模型的设计。

这是由于学生已经习惯于本科阶段的设计工作模式，不熟悉"研究型"设计工作模式，在还没有找到明确的设计主题和意义的时候，觉得寻找主题意义很困难，学生会习惯性地绕过"挖掘主题"这一环节。貌似做了很多设计工作，其实也都是在重复本科生的工作，没有多少进步意义。

对策：这时候应提醒学生注意，这一阶段的学习重点是学习如何研究和挖掘主题意义，而不是设计房屋。有的同学会先做建筑设计，然后再根据所做设计的形式联想出主题意义。有的时候学生会一边寻找意义，一边着手设计。这显然不符合我们的教学要求，但是实际上这两个过程也经常是前后交互进行的，需要导师适当引导。

2.5.2 教学重点和难点之二

现象：在第二阶段，做一个普通的房屋设计，仅仅能够满足基本功能要求，没有用研究的方法去解决问题。

对策：这时候导师要及时提醒学生，本课程要求在解决问题的过程中用到有创意的方法去研究解决问题，而不是仅仅简单地解决基本功能问题。应该联想到本学科最新的动态，用自己的研究领域的知识或相关研究领域的方法去研究和解决问题。

2.5.3 教学重点和难点之三

现象：硕士研究生往往来自于很多不同的专业，一些同学是由外专业转到建筑学专业来学习建筑设计的。学生的专业基础参差不齐。

对策：采用分阶段分层教学的方法，因材施教。在第一阶段——文化研究阶段，可以统一教学要求。对于来自不同专业的学生应提倡多元化思想，充分发挥其各自专业领域的特长，进行研究，这样有利于调动学生积极性，同时可能取得丰富多彩的教学成果。在第二阶段——给意义赋形阶段进行分层教学。对于本科专业是建筑学的同学，可以按照课程要求进行教学。对于本科专业不是建筑学的同学，应该教他们如何做建筑设计，相当于进 行一些本科建筑设计课的教学。

2.6　作业示范

一个寻找和发现意义的设计过程可分为两个阶段：

第一阶段为"发现意义"。

第二阶段为"给意义赋形"。

2.6.1　作业示范之一

（1）第一阶段为"发现意义"，是指从大量貌似毫无关联的基础调研素材中发现"意义"、建立新的设计概念的过程（图 2-56 ~ 图 2-59）。

设计题目：石景山平民市场规划与建筑设计

设计人：刘莹

图 2-56

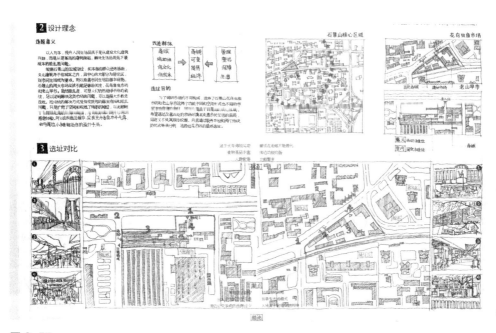

图 2-57

图 2-58

設計理念

選址分析

案例學習

任務書制定

規劃場地

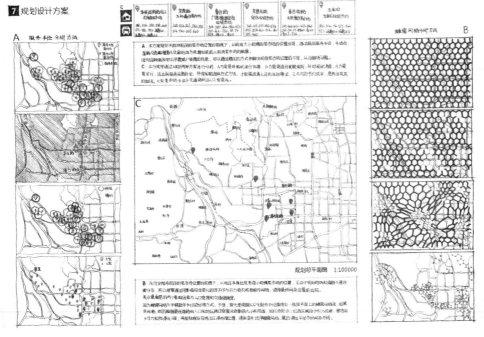

图 2-59

（2）第二阶段为"给意义赋形"，是用建筑环境空间和建筑技术手段将"意义"和新概念实现的过程（图 2-60 ~ 图 2-67）。

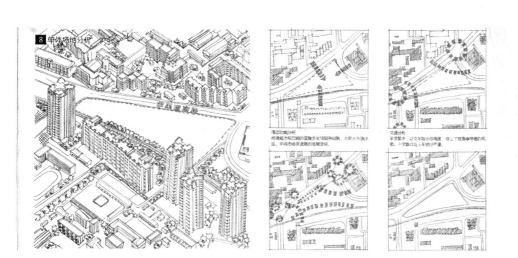

图 2-60

9 灵感来源

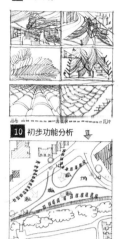

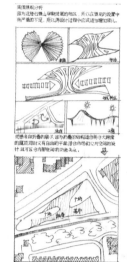

10 初步功能分析

图 2-61

11 设计概念

为案A的概念想是市场的原生态，原有的绿色苗花、原有的秩序以及原有商品的氛围和各种平民的生品整集再一起。并且通过这些原有氛围的融合形成不小的融合日后结束潜于平民市场之中，使其成为平民的天堂。并且又不断延续原生态的苗布，通过摩价与因本民居特色"编瓦"的形式呈现不同的摩位建筑。

图 2-62

12 一草效果图

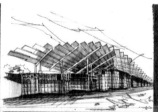

图 2-63

灵感来源

初步功能

设计概念

一草效果

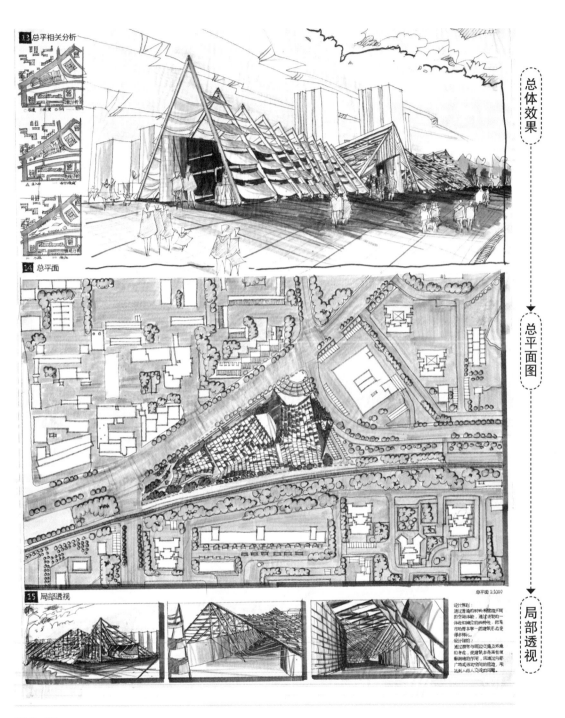

总体效果

总平面图

局部透视

图 2-64

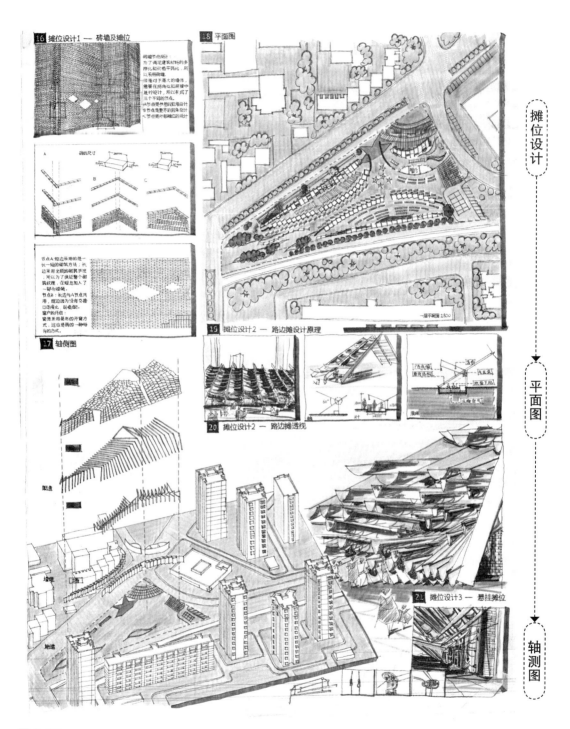

图 2-65

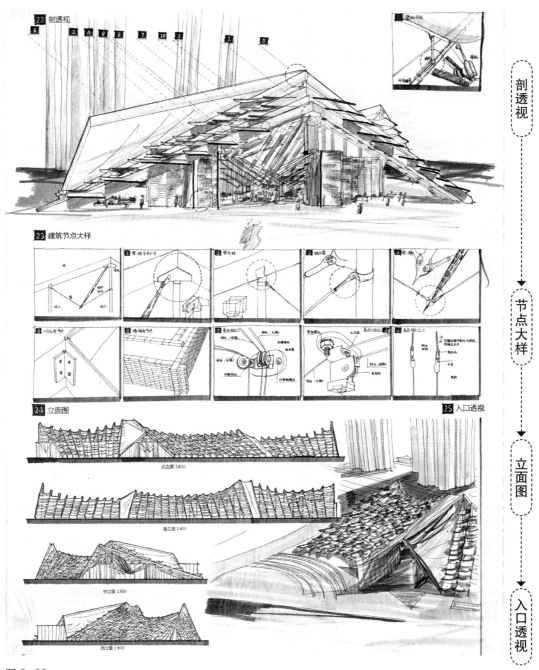

图 2-66

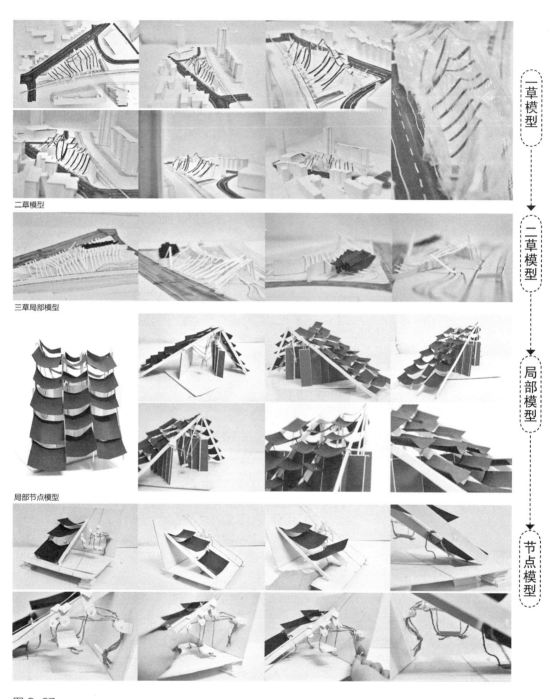

一草模型

二草模型

三草局部模型

局部节点模型

一草模型

二草模型

局部模型

节点模型

图 2-67

2.6.2　作业示范之二

（1）第一阶段为"发现意义"，是指从大量貌似毫无关联的基础调研素材中发现"意义"、建立新的设计概念的过程（图 2-68 ~ 图 2-70）。

　　设计题目：磁器·容器·辐射器　首钢工业创意艺术园区规划与建筑设计

　　设计人：李维杰

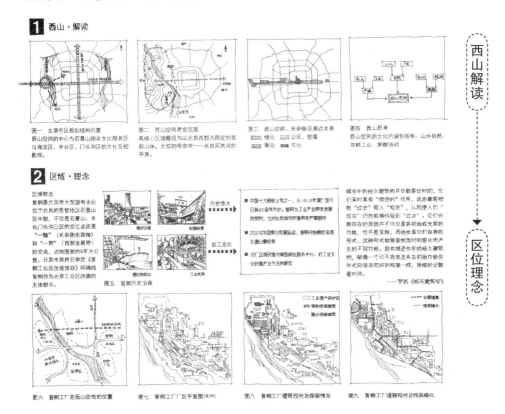

图 2-68

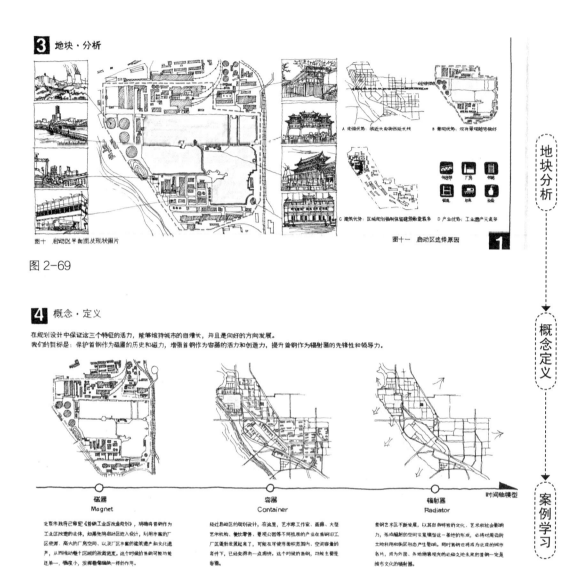

3 地块·分析

图十 启动区平面图及现状照片

图十一 启动区选择原因

地块分析

图 2-69

4 概念·定义

在规划设计中保证这三个特征的活力，能够维持城市的自增长，并且是向好的方向发展。
我们的目标是：保护首钢作为磁器的历史和磁力，增强首钢作为容器的活力和创造力，提升首钢作为辐射器的先锋性和领导力。

概念定义

磁器
Magnet

北京市政府己审定《首钢工业区改造规划》，明确将首钢作为工业区改造的主体，如果先将启动区加入设计，利用丰富的厂区资源。高大的厂房空间、以及厂区丰富的磁源遗产和文化遗产，从而相比整个区域的改造速度。这个时候的首钢可能功能单一，强度小，发挥着像磁铁一样的作用。

容器
Container

经过启动区的规划设计，在这里，艺术家工作室、画廊、大型艺术机构、餐饮零售、景观公园等不同性质的产业在首钢旧工厂区蓬勃发展起来了，可能在可使用面积范围内、空间容量的条件下，已经变得有一点拥挤。这个时候的首钢，功能主要是容器。

辐射器
Radiator

首钢艺术区不断发展，以其自创特有的文化、艺术和社会影响力，形成辐射的空间发展模型这一基地的形成，必将对周边的土地利用和城区形态产生影响。同时首钢还将成为北京的城市名片，成为外国、各地游客观光的必经之地未来的首钢一定是城市文化的辐射器。

时间轴模型

案例学习

图 2-70

　　教师评语：设计者从首钢的历史文脉出发，分析了首钢区域的工业文明特征，以"磁器、容器、辐射器"为题建立了工业遗产再利用的设计主题。设计选题较好地突出了西山区域的工业文化特色，且与区域的发展现实关系密切，具有较强的现实意义。改造设计较为完整地保留了原有的建筑结构，以唤起使用者 对于西山区域工业文明的积极响应。建筑的形态顺应原有结构，同时也有一定的创新，在"新"与"旧"之 间维持了较好的对比和协调关系。建筑内部空间高低错落、层次丰富，同时对改造和新建建筑的构造、材料细节也有一定的考虑。

（2）第二阶段为"给意义赋形"，是用建筑环境空间和建筑技术手段将"意义"和新概念实现的过程（图 2-71 ~ 图 2-77）。

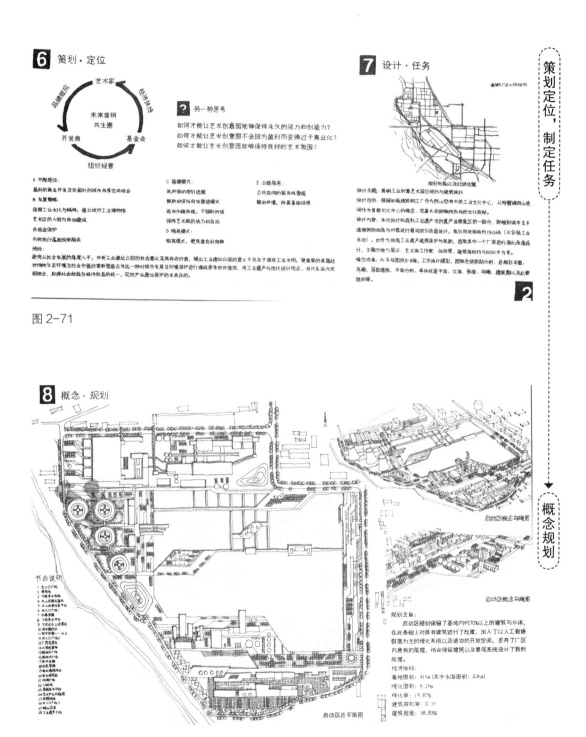

图 2-71

图 2-72

9 规划·分析

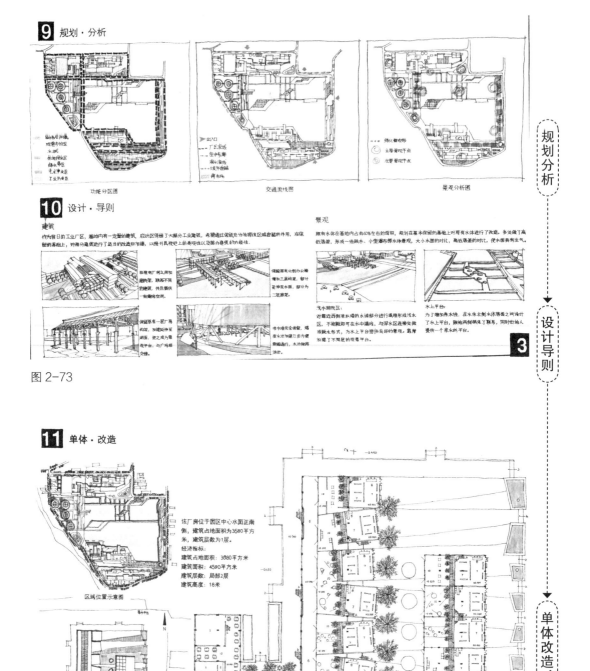

图 2-73

10 设计·导则

11 单体·改造

图 2-74

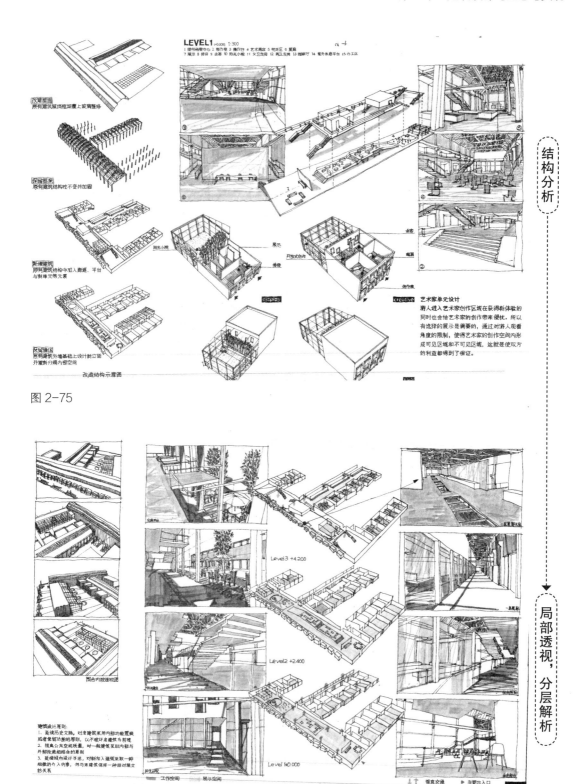

图 2-75

图 2-76

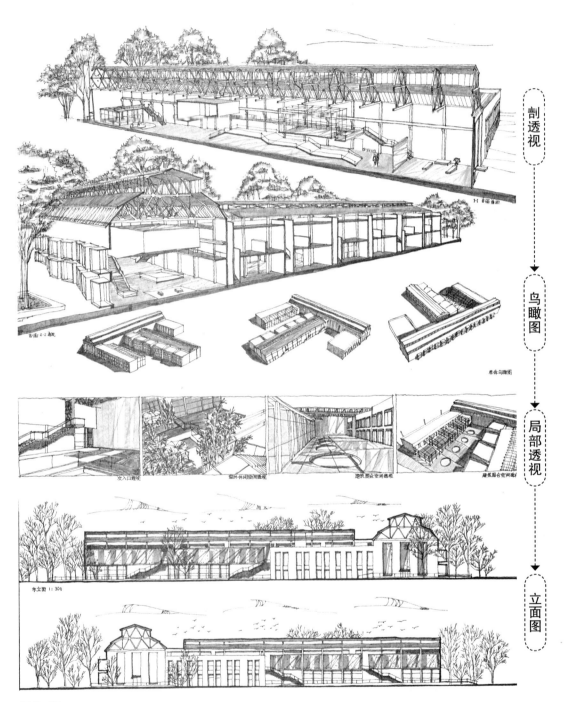

剖透视

鸟瞰图

局部透视

立面图

图 2-77

第 3 章 | 建筑设计推演过程之图形解析

在完成建筑设计构思之后，接下来的工作就是进行图形表达，即用图形语言将自己的设计完整地表达出来。

图解建筑设计生成过程

图解建筑设计——用图形语言将设计构思和设计内容表达出来。

图解建筑设计是用图形语言讲述一个故事，从事件的缘起讲起，依据现状条件，通过深入分析得到主题思想。然后，从环境分析入手，按照建筑设计原理讲述一个建筑的生成演变过程，从整体生成过程到重点局部生成过程，最终完整地表达出一个建筑设计。整体表达过程应该做到主题明确、亮点突出、逻辑性强，方案创作脉络清晰，所使用的图形语言要轻松易懂，故事的各部分形成相互呼应关系——关联耦合。这就是一套好的图解建筑设计表达所具备的基本特征。为了做好图解建筑设计，应该有意识地做好以上几项工作，同时应能够熟练驾驭各类图形分析技巧。为此，应加强图形组织和分析图绘图的训练。类似于用图语言去描述一个新产品的生产过程的说明书（图 3-1 ～图 3-8）。

图 3-1　刘莹　西山空间设计模型表达

案例分析：这一设计方案很好地诠释了设计型研究的过程。通过研究确定设计主题，并完成建筑设计。第一步：设计者通过实地走访调查西山地区便民市场的分布情况发现了市民购物不方便这一问题，进而确立了以解决市民购物难问题作为设计的主题。选题与区域市民现实生活关系密切，具有较强的现实意义。第二步：在深入调查分析便民市场在该区域分布的基础上，确定了便民市场的规划选址，选址方法科学。第三步：在对现有建筑材料、营造方式的调查的基础上，研究、设计出低造价的便民市场设计方案以及具体的构造大样，符合"适宜技术建造"的设计策略。

场地现状

区位分析

设计理念

选址对比

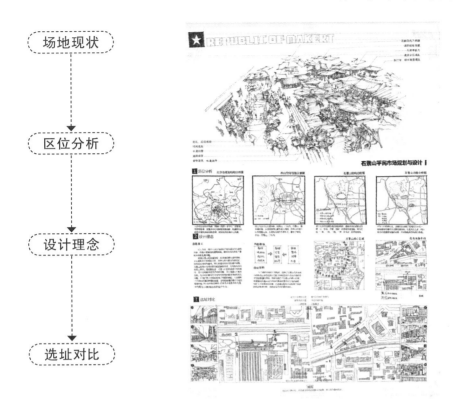

图 3-2　第一张 西山文化背景图解

案例学习

任务书制定

规划场地

设计方案

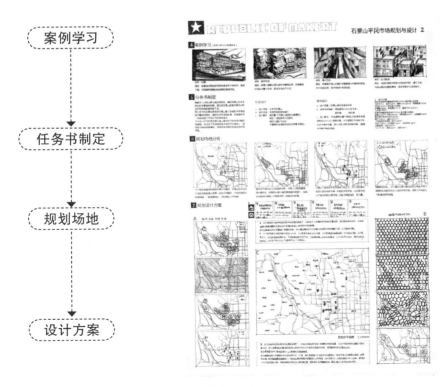

图 3-3　第二张 发现问题；分析问题；确定主题

单体分析

↓

灵感来源

↓

初步功能

↓

设计概念

↓

一草效果

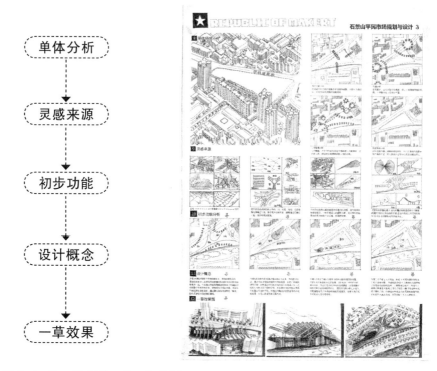

图 3-4　第三张 场地环境图解分析

总体效果

↓

总平面图

↓

局部透视

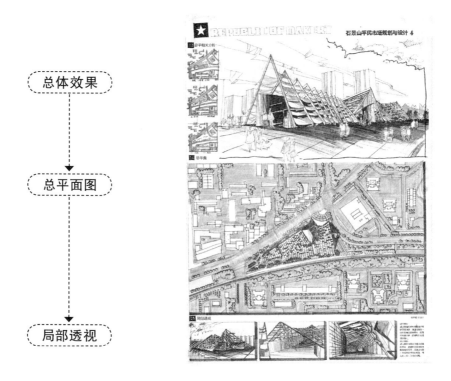

图 3-5　第四张 设计概念

摊位设计

平面图

轴测图

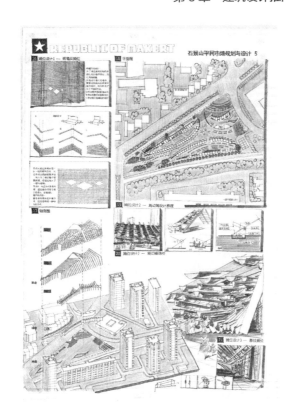

图 3-6　第五张 建筑设计

剖透视

节点大样

立面图

入口透视

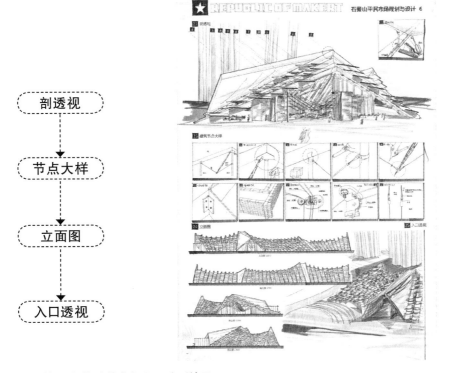

图 3-7　第六张 构造节点与立面造型效果

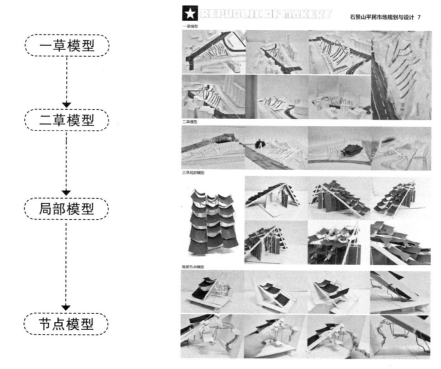

图 3-8 第七张 实体模型表达

一草模型

二草模型

局部模型

节点模型

建筑设计是一个复杂的思维逻辑推演过程，主要包含立意和给立意赋形这两个阶段。用图形语言表达设计过程涉及以下三个方面的内容（图 3-9）：

（1）图形特征

（2）图形组织

（3）图形分析

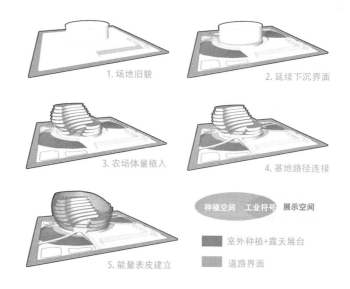

图 3-9 贾钰涵等 立体农场场地设计分析图

3.1 图形的特征——用图形表达设计构思演变过程的特征

一套优良的设计图纸是一套完整的、有逻辑的、图文并茂的图形文件。用图形语言作为媒介传达信息，描述方案形成的全过程。它从前到后徐徐展开、娓娓道来，讲述一个完整的设计故事。

图形表达有如下特征：

（1）主题思想鲜明，设计思路明确。

（2）创新点表达突出，方案创意具有吸引力和冲击力。

（3）总体思路表达清晰，结构完整。

（4）有逻辑性——设计思路发展过程表达清晰，阐述设计方案从设计原发点开始，经过若干推演，一直到生成最终方案，图形出场先后顺序合理，因果关系明确。

（5）关联耦合，各部分图形之间的呼应关系清晰明确。各部分图形之间的关联耦合关系像物理学内在要素之间存在强烈的关联性和相互作用，并且显而易见。

（6）图形语言浅显易懂，让读图者感觉到轻松愉悦（图 3-10）。

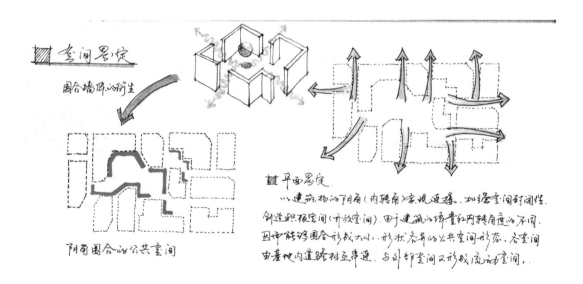

图 3-10　西山文化艺术收藏中心　空间界定分析图

3.1.1 主题思想鲜明

设计主题思想是驱动设计的原发点。

主题思想鲜明、主体思路清晰。明确的设计思想以及设计目标可以让读图者最直接地抓住设计要点，了解主题思路，使其更容易被理解和接受。

设计驱动方式（也叫设计原发点）有以下几种类型：

（1）功能驱动型

（2）主题思想驱动型（图 3-11）

（3）环境约束驱动型

通常一个设计是由多重驱动交织在一起、共同驱动的。

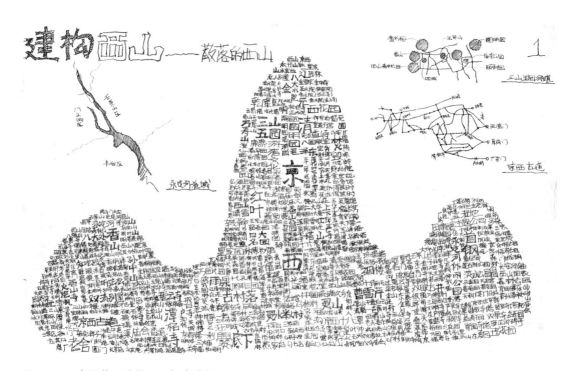

图 3-11 肖国艺 建构西山概念分析图

3.1.2　创新点表达突出，设计理念超前

图纸表达创新点突出，设计主题思想适度超前，约略领先于当前的水平。方案创新点，或被称为设计亮点，是方案具有吸引力和冲击力的重要因素。设计思想新颖，有创意，可以令人眼前一亮，引起大家的兴趣。而老生常谈的设计理念、陈旧的设计思想毫无悬念，会令人感到乏味无趣（图 3-12、图 3-13）。

图 3-12　马尧　首钢改造效果图

图 3-13　刘莹　实时可变状态

3.1.3　表达结构完整，总体思路清晰

　　一套设计图应表达完整的设计构思。树状结构完整、清晰，各部分相互支撑形成整体结构。表达思路清晰有序有利于让读图者全面、完整、系统地了解设计者的设计意图以及设计细节（图 3-14）；设计方案表达结构不清晰,图面混乱,这样的设计方案往往会令人迷茫而失去兴趣。

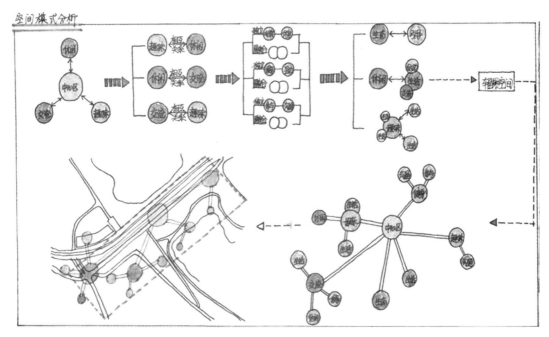

图 3-14　李孟琪　西山空间——空间模式分析

3.1.4　方案推演过程逻辑性清晰

　　方案推演过程具有逻辑性——设计思路的发展脉络表达清晰。

1. 线性逻辑

单一逻辑推演呈线性推演模式（图 3-15）。

　　逻辑性与连续性是图形表达方案推演的关键。一个有逻辑的表达是耐人寻味的,推演过程分析是指从设计原发点开始,在主题思想的驱动下逐步推进发展,沿着主题思路一步一步推演，直到出现方案结果的一个完整的过程，连续阐述其中的因果关系，环环相扣，引人入胜。

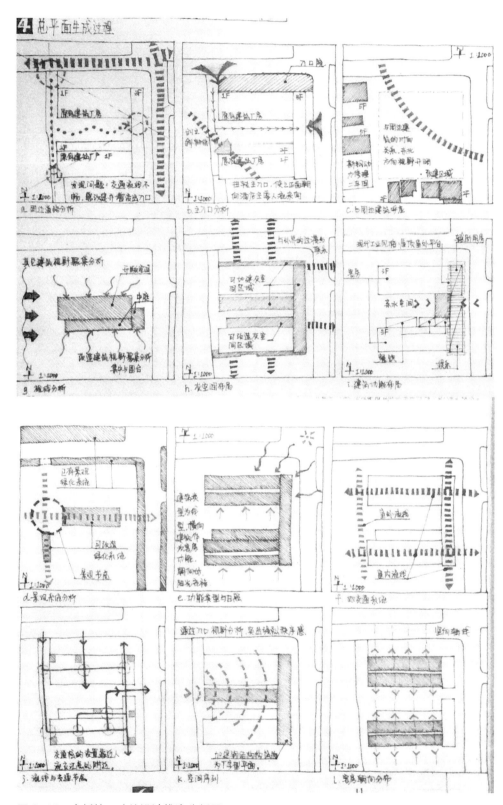

图 3-15　庞新楠　建筑设计推演分析图

2. 多元逻辑

建筑设计多元逻辑表达。建筑的矛盾性与复杂性决定了建筑设计受到多种客观规律的约束，建筑设计的过程是由多重线性逻辑交织在一起共同起作用的。所以建筑设计过程表达是一个多元逻辑的表达（图 3-16）。

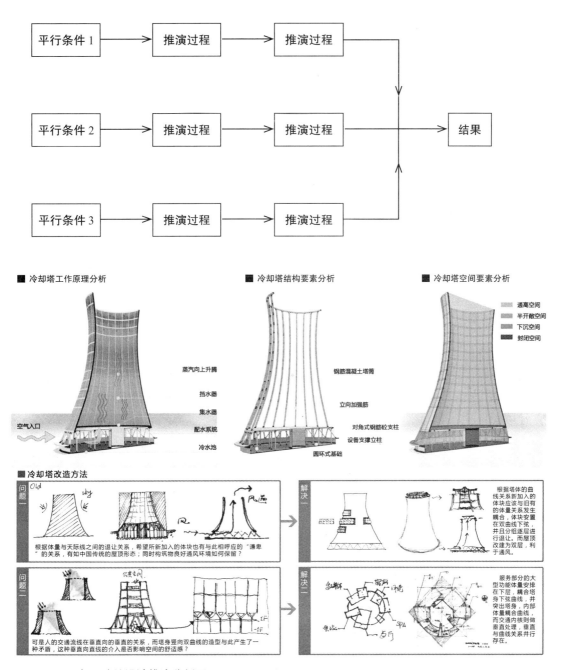

图 3-16　马尧　建筑设计推演分析图

3.1.5 关联耦合，图形之间呼应关系清晰明确

各部分图形之间的关联耦合关系显而易见，像一张拉开的弓，各部分之间的关系形成了一种内部张力，像物理学中磁场内部要素之间存在的强烈的关联性和谐振作用（图 3-17）。

图 3-17　周雨晨等　首钢工业园区城市设计图

此图中最显著的部分是城市设计的鸟瞰图，同时也展示了地段与周边城市环境的关系。此图下部的四张分析图与上面的鸟瞰图之间都存在着某种关联，这种关联可以帮助读图者理解设计。第一张分析图：从大的范围展示整个工业园区的上位规划；第二张分析图：后工业背景下的各种行为创想；第三张分析图：业态设计；第四张分析图：将业态与地段联系起来，做初步分区设计。

不仅同一张图的各部分之间存在着关联耦合与对话，在多张图之间也存在着关联耦合与对话。一个设计方案的所有的图共同表达一个目标。不同的图纸从不同的侧面、不同的角度以及不同的部分来描述同一个设计方案，所以其每一个侧面之间都存在着千丝万缕的联系。例如此图（图 3-18）与前一张图（图 3-17）之间存在明显的关联，相同的构图方式强化了这种关联。

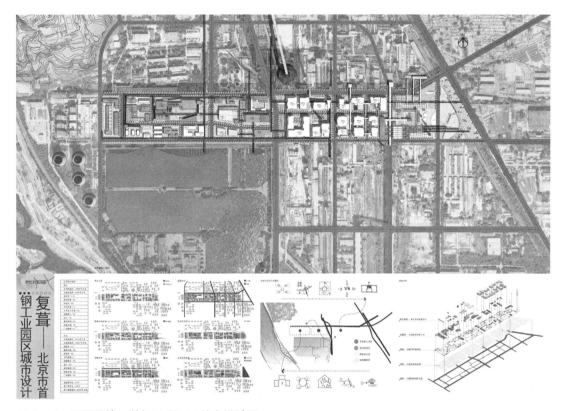

图 3-18　周雨晨等　首钢工业园区城市设计图

这张图上面是设计的总平面图，展示了各部分功能分区，下面是对总平面的各种分析，层层深入展开：与周边环境的关系分析、与周边道路的关系分析、设计场地的功能分析、内部路网分析等。

3.1.6 图形语言浅显易懂

　　用大众读图者容易看懂的动态图形方式去解释专业的问题，这是很多大公司能够在诸多重大设计投标中屡屡中标的主要原因之一。世界上很多著名建筑师团队都擅长此道，例如国际著名的 OMA 和 BIG 建筑设计事务所。图形是建筑师的语言，是设计者与观众之间形成沟通交流的媒介，浅显易懂的图形语言、整洁有序的画面给人清新的感觉，让人在读图过程中获得轻松愉悦的感觉，而晦涩难懂的表达会令人生厌。

　　人对图形的理解力：

　　（1）图形是可以被人理解的。

　　（2）人对图形的理解力是有限的。

　　（3）图形的可理解度有高低之分，有的图很容易理解，有的图很难理解。

　　（4）难懂的图形会降低人的注意力，当遇到难懂的图形时，读图者很快会离开图面转而去看其他内容，难懂的图形相当于"拒绝与读图者沟通"。

　　（5）容易理解的图形会给人轻松愉快的感觉，读懂图的过程会让人收获喜悦和欣喜之感。结论：好的图纸表达应该是容易理解的（图 3-19）。

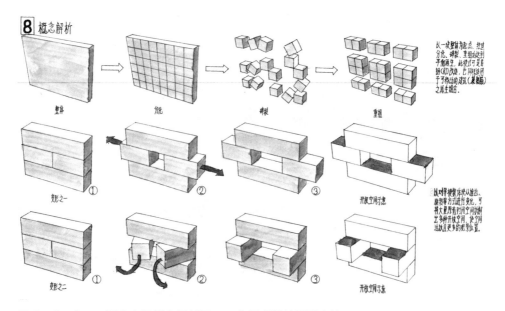

图 3-19　宁丁　西山空间概念解析图——容易理解的图形表达

3.2　图形的组织 ——有机地组织图形

运用图形分析技巧有机地组织图形要素，做到图形表达清晰，让读图过程变得轻松、流畅、愉悦，避免出现晦涩的局面，让人在读图过程中体验发现的快乐，让图形语言能够流畅地传达设计信息，让读图过程变成一次愉悦的风景旅行。首先，需要有效组织多种图形要素，其次，需要娴熟地运用图形分析技巧进行分析。方案形成过程中图形表达应该做到：

（1）强化主题思想，统领全局。

（2）梳理脉络，组织逻辑，形成清晰的推演线索。

（3）建立图形表达结构框架。

（4）强化设计创新点。

（5）组织关联耦合与对话，拉通各图之间的关系。

（6）组织多张图纸排列秩序，控制观看图的时间与顺序。

（7）有机组织图面构成，引导读图顺序。

3.2.1　强化主题思想，统领全局

强化主题思想，以主题思想为中心统领全局，以主题思想为线索贯穿图形素材。运用各种绘图技巧和图形组织方法强化突出设计主题思想。在多张图之中，把表达主题思想的图排在最前面，形成先入为主的第一印象。在单张图面中，将表达主题思想的图放在图形的第一层次加以强化，让读图者最先看到并抓住设计的主题思想（图 3-20 ~ 图 3-22 ）。

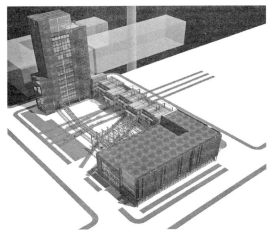

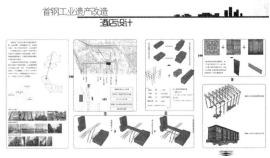

点评: 此设计以首钢工业遗产为主题特色，统领整个设计，贯穿整套图纸。

图 3-20　何苗　首钢工业遗产改造——酒店设计

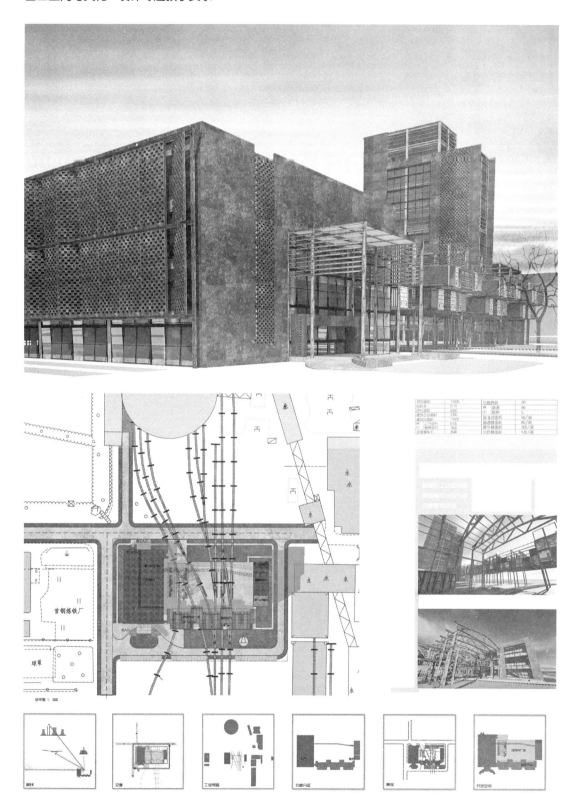

图 3-21 何苗 首钢工业遗产改造——酒店设计

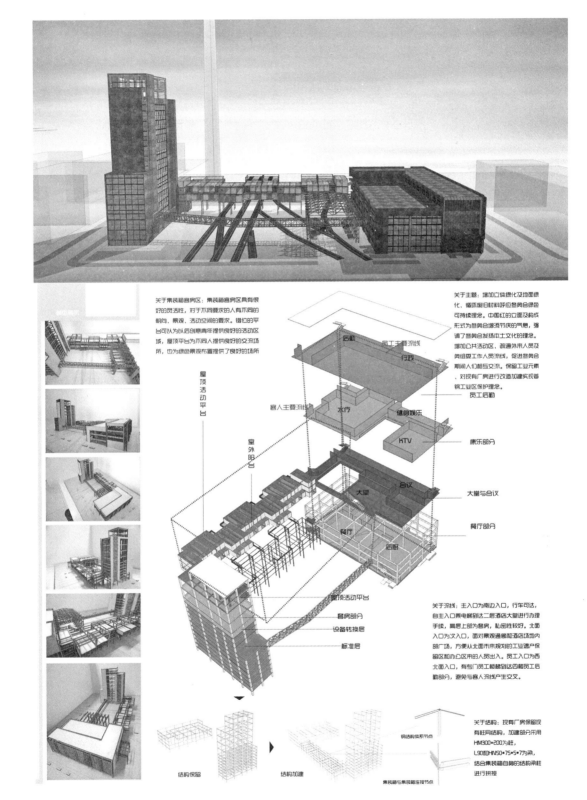

关于集装箱客房区：集装箱客房区具有很好的灵活性，对于不同要求的人有不同的朝向、景观、活动空间的要求。错位的平台可以为以后创意青年提供良好的活动区域，屋顶平台为不同人提供良好的交流场所，也为绿色景观布置提供了良好的场所

关于主题：增加立体绿化及地面绿化，循环屋旧材料呼应冬奥会绿色可持续理念。中国红的立面及构成形式作为冬奥会增添节庆的气氛，强调了冬奥会发扬本土文化的理念。增加公共活动区、疏通外来人员及奥组委工作人员流线，促进冬奥会期间人们相互交流。保留工业元素，对现有厂房进行改造加建实现首钢工业区保护理念。

关于流线：主入口为南边入口，行车可达，自主入口乘电梯到达二层酒店大堂进行办理手续，高层上部为客房，私密性较好。北面入口为次入口，面对景观通廊和酒店场地内部广场，方便从北面来规划的工业遗产保留区和办公区来的人们出入。员工入口为西北面入口，有专门员工楼梯到达四楼员工后勤部分，避免与客人流线产生交叉。

关于结构：现有厂房保留现有柱网结构，加建部分采用 HM300*200 为柱，L90 和 HN50*75*5*7 为梁，结合集装箱自身的结构梁柱进行拼接

图 3-22　何苗　首钢工业遗产改造——酒店设计

3.2.2 梳理脉络，组织逻辑，形成清晰的推演线索

梳理脉络，组织逻辑，形成清晰的推演线索，可以利用相似形表达设计的发展演变过程。保持系列图形之间的相似性，并使其略有区别，大同小异。利用图形之间较小的差别和变化表达设计推演进程，容易在设计者与读图者之间形成良好的信息传递。单一逻辑关系推演最好在同一张图中集中布置（图3-23）。基于建筑设计的复杂性特征，建筑设计过程分析应相应地采用多元逻辑方式表达。

因此，建筑设计分析应该抓住几个主要方面，采用多条线索从不同角度进行全方位分析。分析框图恰好契合这个特点，便于进行逻辑分析。

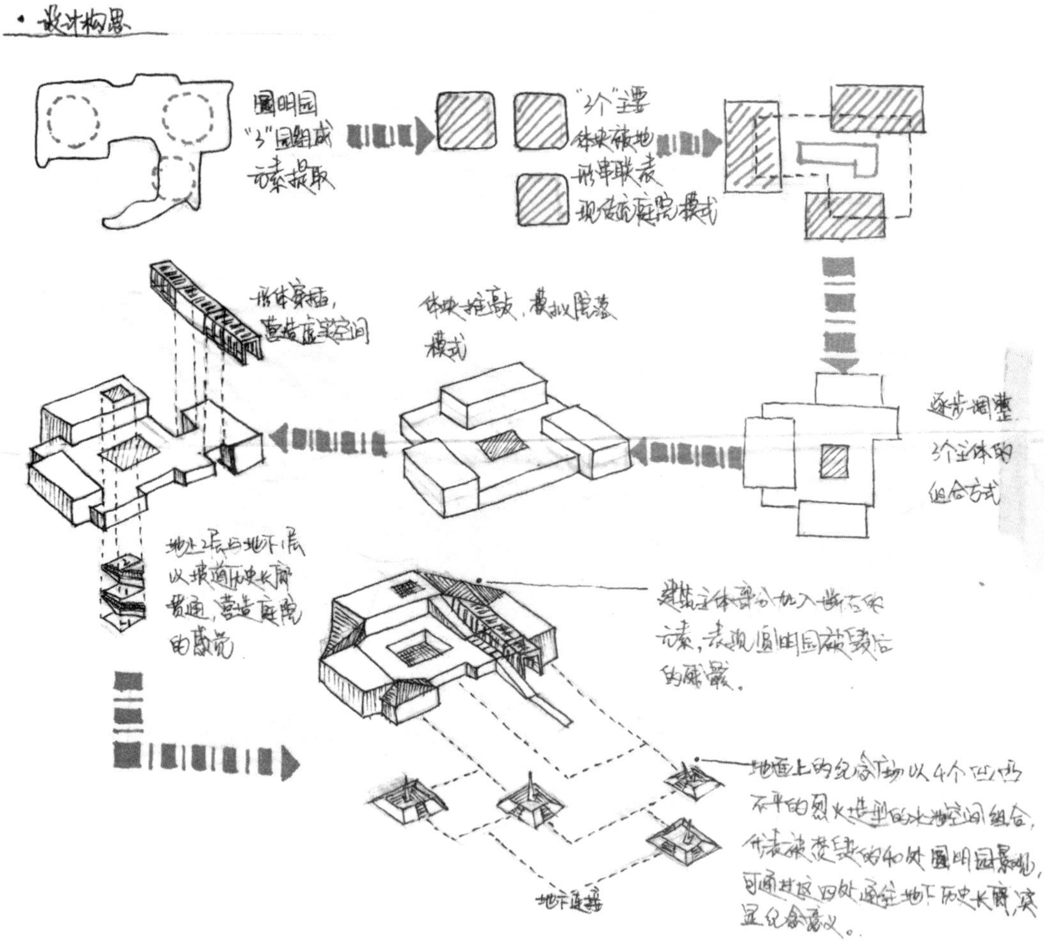

图3-23　王婧　圆明园国殇纪念馆设计构思分析图

3.2.3　建立图形表达结构框架

依据设计思路组织素材，形成完整的表达框架结构：

（1）建立一个表达方案的树状结构图，由主干和枝干组成，明确主干线主题思路走向，梳理各枝干线之间的关系。

（2）分清各层次的级别，组织图形的时候按照树状结构进行，这样有利于读图者条理清晰地理解设计意图（图 3-24 ~图 3-30）。

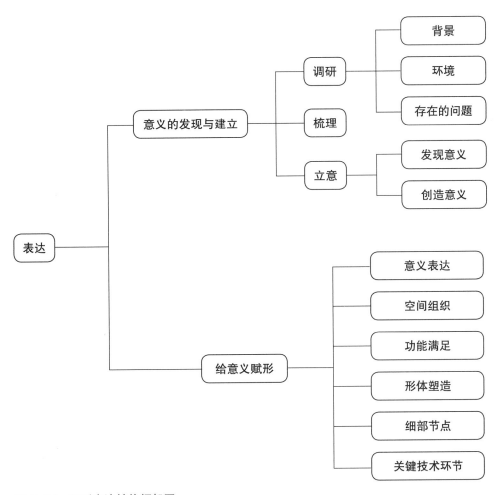

图 3-24　图形表达结构框架图

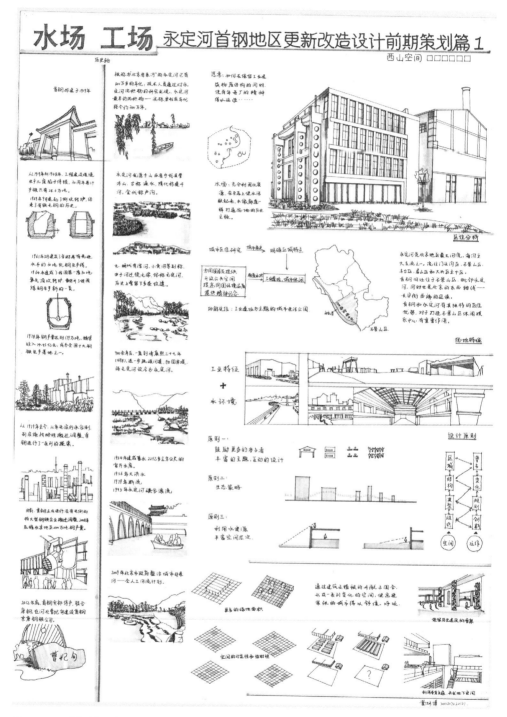

图 3-25 董妍博 永定河首钢地区更新改造

教师评语：设计的选题较好地突出了西山区域的工业文化特色，且与区域的发展现实关系密切，具有较强的现实意义。改造设计较为完整地保留了原有的建筑结构，以唤起使用者对于西山区域工业文明的积极响应。建筑的形态顺应原有结构，较好地处理了"新加建"与"旧遗址"之间的协调关系。建筑内部空间利用方式符合原有空间形态，高低错落、层次丰富，同时对改造和新建建筑的构造、材料细节进行了深入设计。

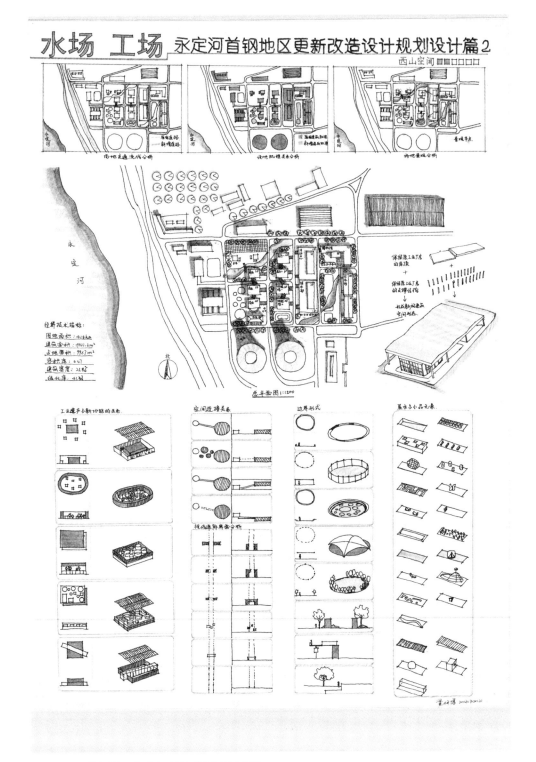

图 3-26　董妍博　永定河首钢地区更新改造

　　作业评语：此设计以更新、改造为主题特色，工业区特点统领整个设计，贯穿整套图纸。

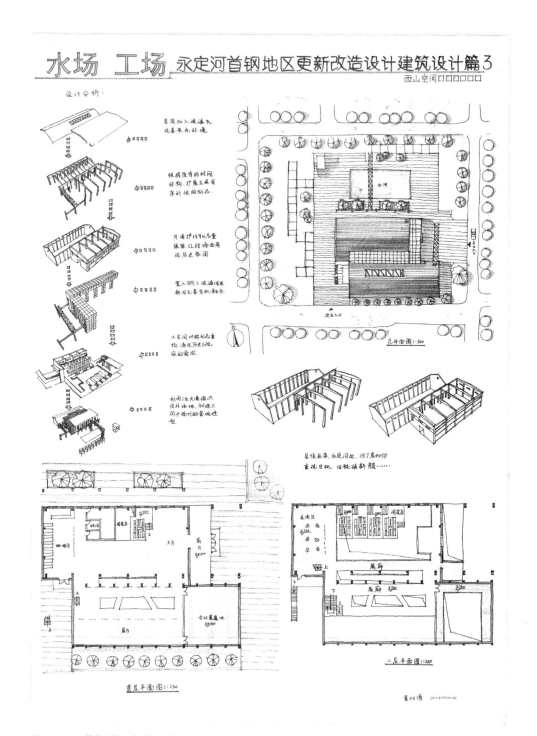

图 3-27 董妍博 永定河首钢地区更新改造

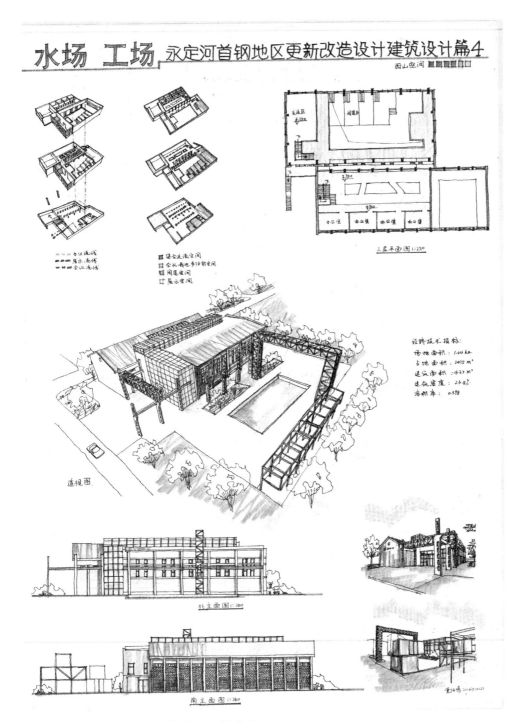

图 3-28　董妍博　永定河首钢地区更新改造

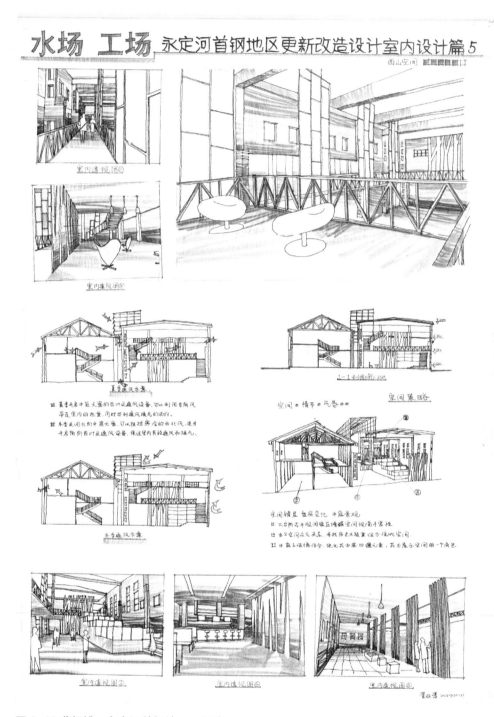

图 3-29 董妍博　永定河首钢地区更新改造

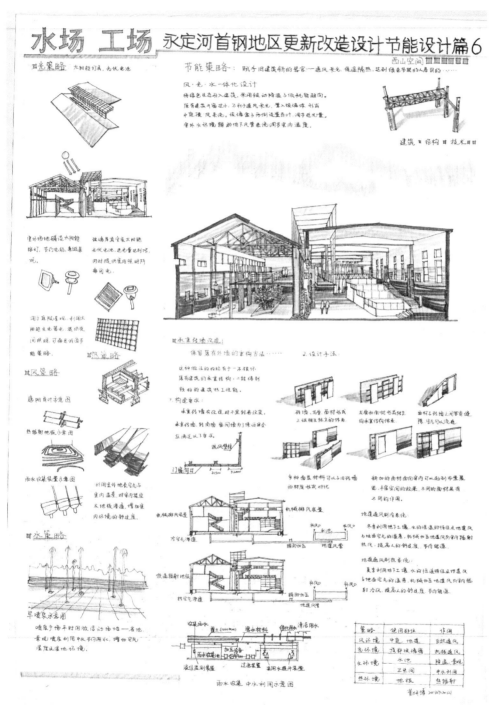

图 3-30　董妍博　永定河首钢地区更新改造

3.2.4 强化设计创新点

运用各种图面组织技巧，突出方案的创新点，将它布置在最引人注意的位置，用较大的篇幅和笔墨来突出、强化设计亮点，让人第一眼就看到它（图 3-31、图 3-32）。

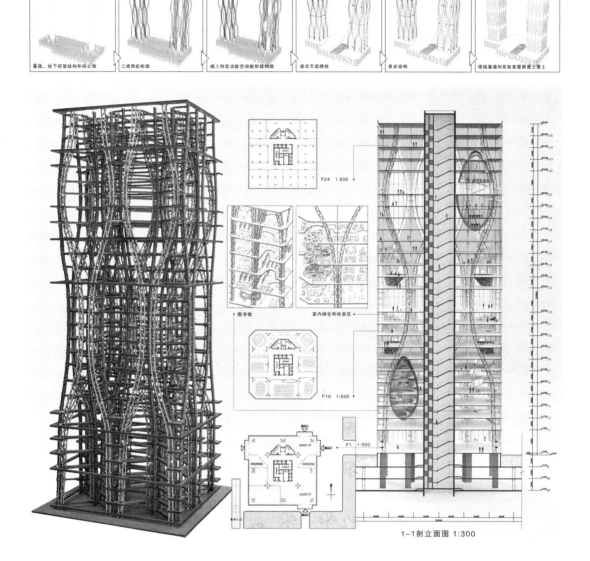

图 3-31 潜洋、甘振东等 高层酒店设计——结构创新设计亮点

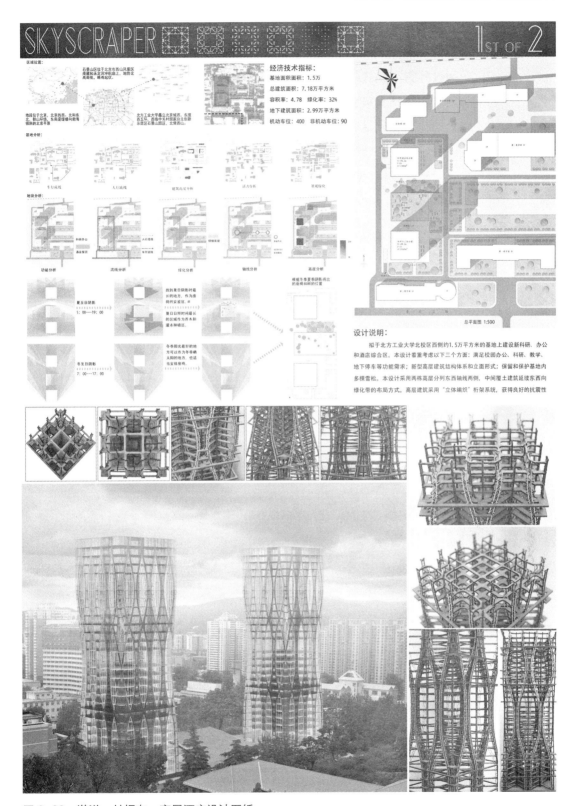

图 3-32 潜洋、甘振东 高层酒店设计图纸

3.2.5　组织关联耦合与对话，拉通各图之间的关系

　　一个设计方案的各图形之间存在着关联耦合的关系。各张图纸之间、图中各部分之间应该尽量做到前呼后应，尽多地拉通各图形要素之间的关联，并运用各种绘图技巧强化这些关联，使这种关联显而易见。这样可以增强对于方案的理解度，以减少读图障碍。这一点往往会被设计人忽略，导致很多图形表达晦涩难懂、形同虚设。例如利用对位技巧可以有效地表达一种耦合关系，增强可理解度（图 3-33 ~ 图 3-36）。

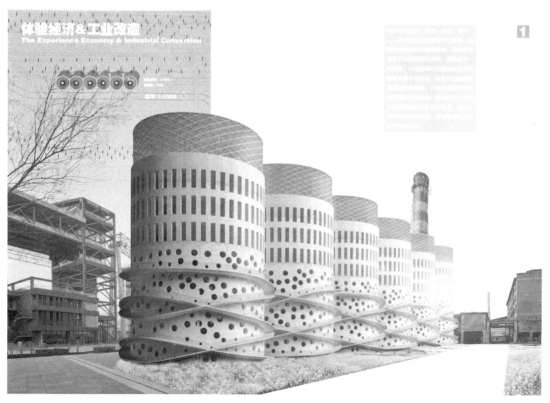

图 3-33　肖国艺　首钢工业遗产改造为酒店设计

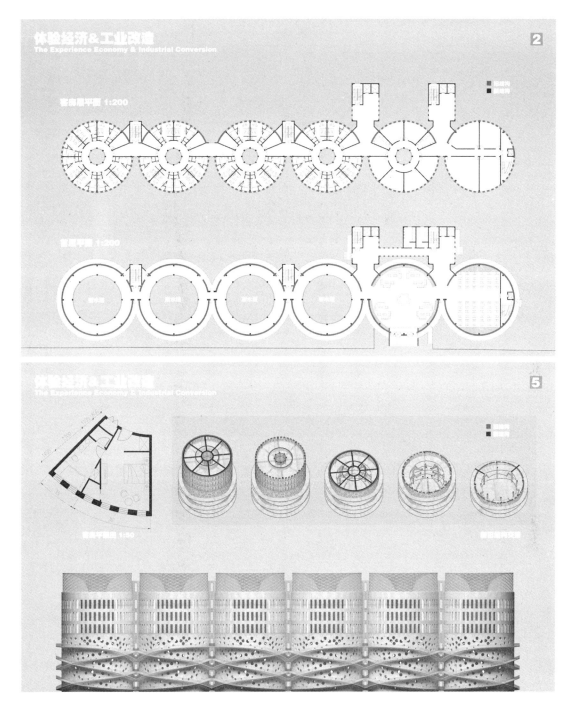

图 3-34 肖国艺 首钢工业遗产改造为酒店设计

图 3-35　肖国艺　首钢工业遗产改造为酒店设计

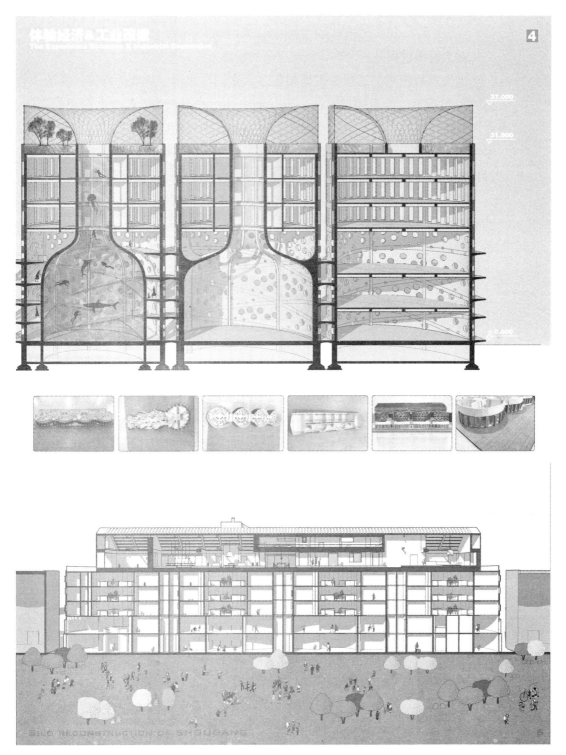

图 3-36　肖国艺　首钢工业遗产改造为酒店设计

3.2.6　组织多张图纸排列秩序 控制观看图的时间与顺序

观众看图过程是一个逐步展开进行的阅读过程，称为读图。

当人观看图纸的时候，图面的很多要素同时作用于观众的视觉，看图、读图时先看哪里、后看哪里具有一定的随机性，取决于个人的看图习惯。同时，看图行为也存在一些共性的规律。设计帅要根据人的读图行为规律有效组织观察顺序，这样可以引导读图者按照一定的顺序读图，以使读图者更顺畅地理解设计者的设计意图。

基于设计思路主线脉络制定的图形表达的框架结构，有机组织各图形出场的先后次序。多张图纸的排列顺序为：①从概念方案到具体设计；②从宏观到微观；③从整体到局部（图 3-36 ～图 3-42）。

（1）从调研分析到设计理念确定；

（2）从设计理念到概念方案生成；

（3）从城市到建筑单体；

（4）从环境分析到建筑设计；

（5）从整体设计到细部设计；

（6）从建筑设计到室内设计；

（7）从建筑设计到节点设计。

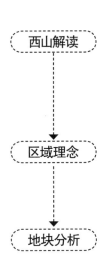

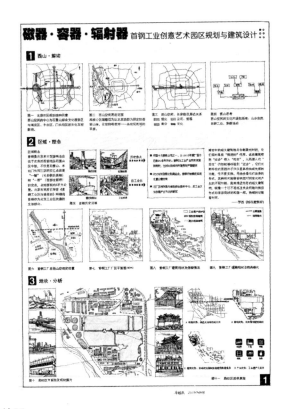

图 3-37　李维杰　西山空间设计手绘图

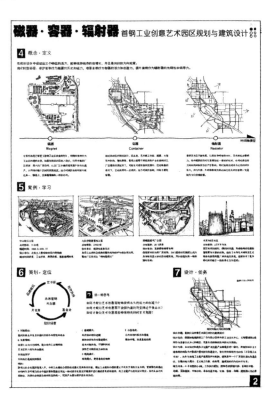

图 3-38　西山空间设计手绘图

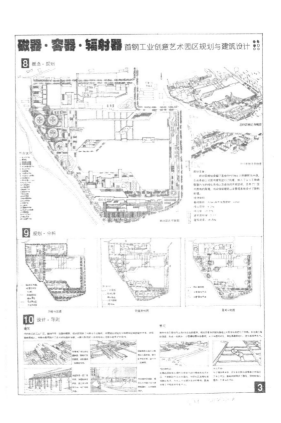

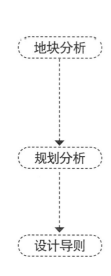

图 3-39 西山空间设计手绘图

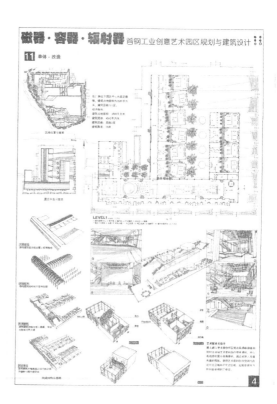

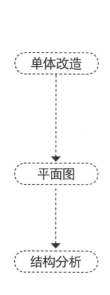

图 3-40 西山空间设计手绘图

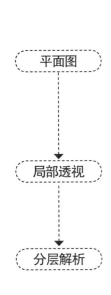

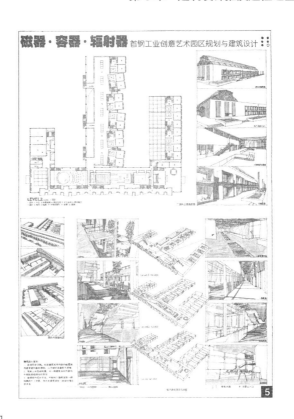

平面图

局部透视

分层解析

图 3-41　李维杰　西山空间设计手绘图

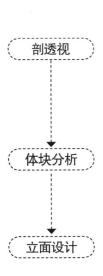

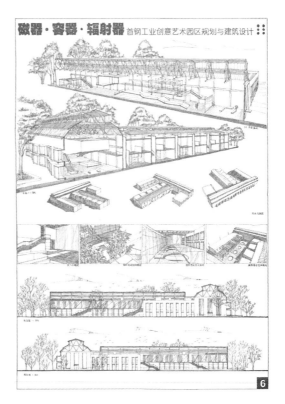

剖透视

体块分析

立面设计

图 3-42　西山空间设计手绘图

3.2.7 有机组织单张图面构成，引导读图顺序

1. 单张图面的组织

一张图由不同的图形部分组成。组织读图秩序就是组织读图的先后顺序与时间长短。做到图面整洁有序、重点突出、主次有别、层次分明，各部分图形面积分配得当，图面的组织需要进行精心设计（图3-43、图3-44）。

人在自由观看图纸的过程中会无意识地注意到最吸引视线的部分，这就要求设计者对图形进行组织，合理设置读图顺序，引导读图者先看什么后看什么。利用多种强调和弱化的手段，对需要先看的进行强调，对需要后看的进行弱化，以便把设计信息更加顺畅地传递给读图者。这就是读图秩序的组织，需要去研究读图者视线游移的规律（图3-45）。

观图顺序

1→2→3

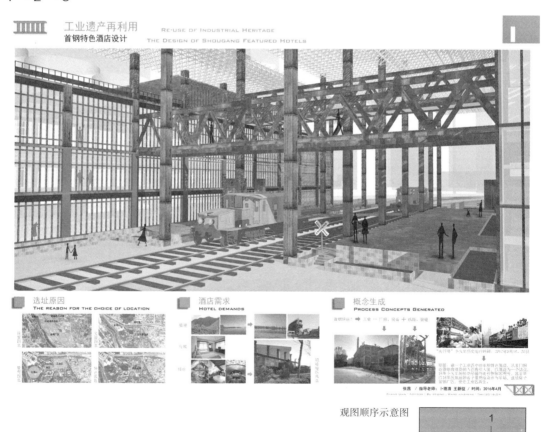

观图顺序示意图

图3-43　张茜　首钢工业遗产改造

2. 视线游移的规律

人看图是分层次的，设计师可以通过分出图形的层次对观看顺序进行组织。第一眼看到的为第一层次，然后，随着目光的游移，看到第二层次，以此类推，第三个层次等。

观图顺序

1 → 2 → 3

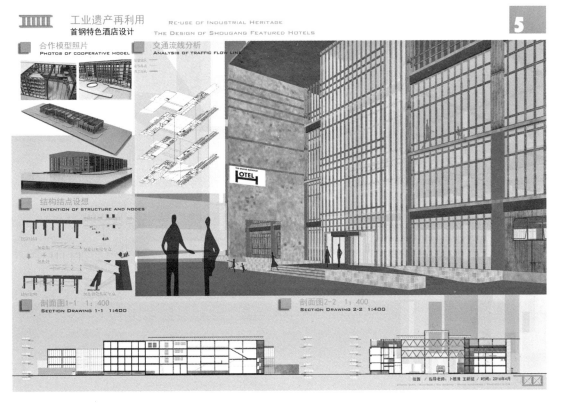

观图顺序示意图

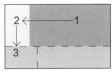

图 3-44　张茜　首钢工业遗产改造

观图顺序

1→2→3

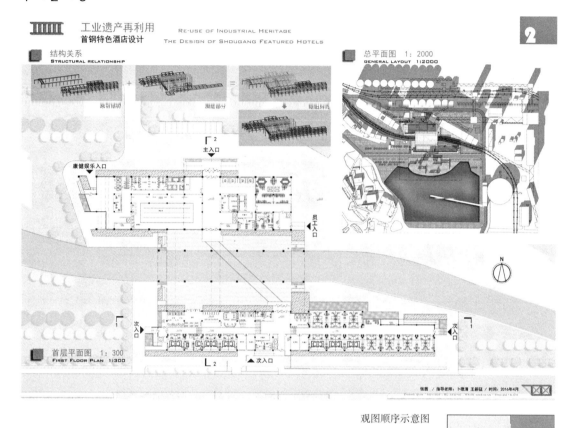

观图顺序示意图

图3-45 张茜 首钢工业遗产改造

3.依据表达树状结构来组织图面层次

第一眼被读图者注意到的是第一层次，为视觉中心，是被设计师有意识地强化的，首先抓住读图者的注意力。这部分是最醒目的、最有趣味的、最赏心悦目的或者是面积最大的、三维立体的。第一层次所表达的内容，是设计者希望读图者首先看到的，也是最重要的，有可能是最终的设计结果，也可能是设计主题思想——设计的灵魂，或是最关键的技术环节。

对于第一层次的图形，运用视觉优先原理进行人为强化，对于第二层次的图形，进行适当的弱化，以此类推，对于后面层次的图形需要进行逐级弱化处理。

4.视线优先规律

人在无意识状态下看图，自然而然地，先看到的部分为视线优先。视线优先是有一定的规律可循的。通常来讲,位置优先:先上后下、从左到右、大面积优先、色彩强烈的优先、明暗对比强烈的优先、容易懂的优先、三维立体的优先、重复的优先、提示的优先、赏心悦目的优先、异化的优先、对比强烈的优先。

设计实例:首钢工业遗产改造设计方案图(图 3-46 ~图 3-53)。

观图顺序:面积优先

1 → 2

观图顺序示意图

图 3-46　刘莹　首钢工业遗产改造

观图顺序：位置优先

对比强烈优先

1 → 2

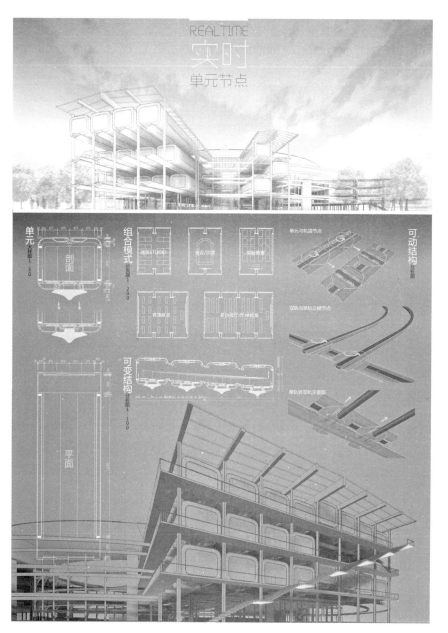

观图顺序示意图

图 3-47　刘莹　首钢工业遗产改造

观图顺序：色彩强烈优先

　　　　1 → 2

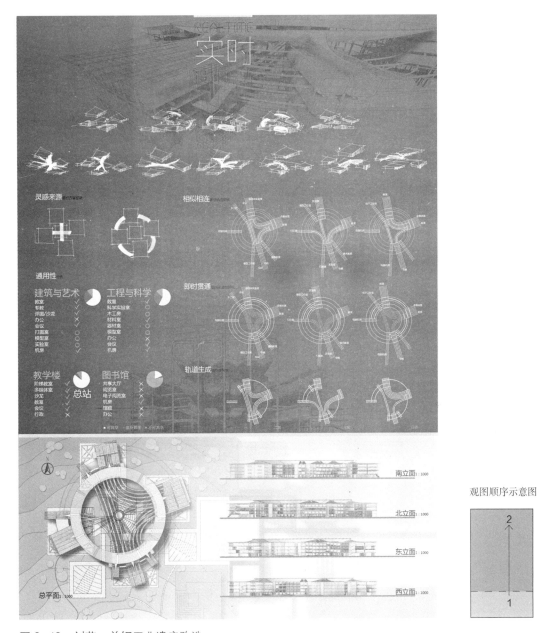

图 3-48　刘莹　首钢工业遗产改造

观图顺序示意图

观图顺序：赏心悦目优先

　　　　1 → 2

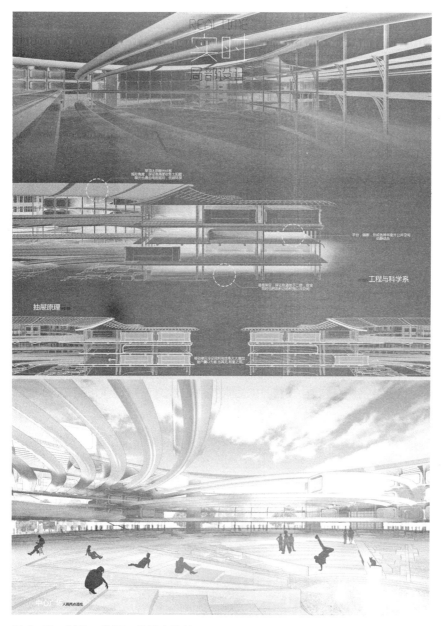

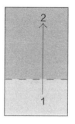

观图顺序示意图

图 3-49　刘莹　首钢工业遗产改造

观图顺序：三维立体优先

　　　　　易懂优先

　　　　　1 → 2 → 3

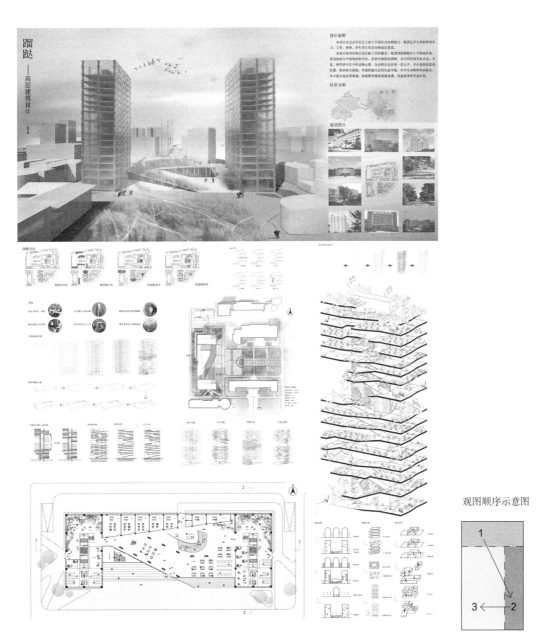

观图顺序示意图

图 3-50　马南晨、董杨等　高层办公楼酒店设计

观图顺序：位置优先，先上后下

通俗易懂优先

1 → 2 → 3

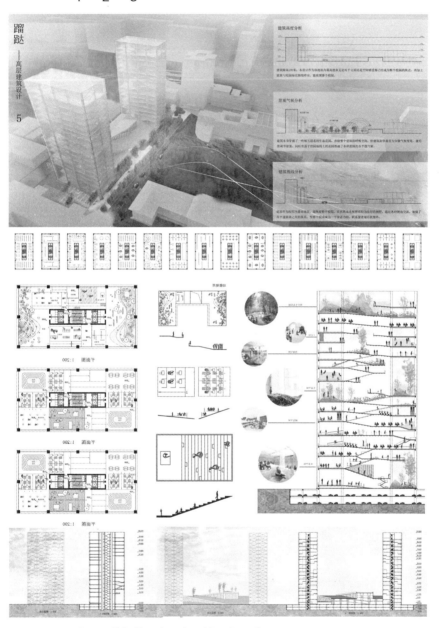

观图顺序示意图

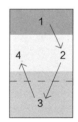

图 3-51　马南晨、董杨等　高层办公楼酒店设计

观图顺序：醒目优先

1 → 2

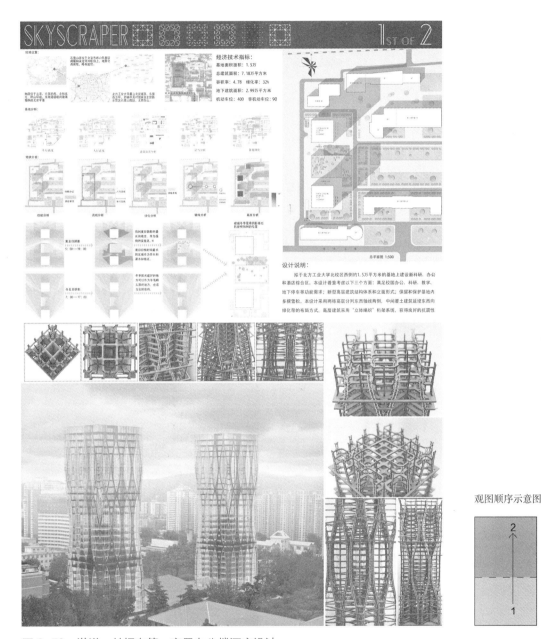

图 3-52　潜洋、甘振东等　高层办公楼酒店设计

观图顺序示意图

观图顺序：异化优先，

　　　　　易懂优先

1 → 2 → 3

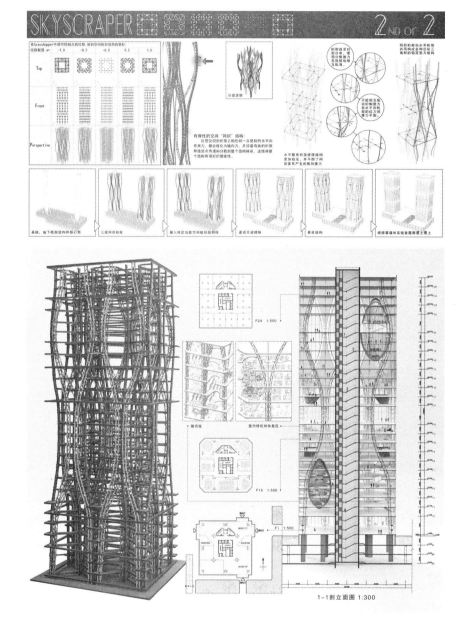

图 3-53　潜洋、甘振东等　高层办公楼酒店设计

观图顺序示意图

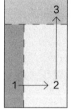

3.3　图形解析——图形分析技巧

为了使图形表达清晰易懂，除了需要有效组织各种图形要素，还需要使用各种图形分析技巧，设计师应学习并熟练掌握各种图形分析技巧。

3.3.1　按设计表达技巧分类分析

按设计表达技巧分类，分析方法有很多种，常用的分析方法有：概念分析，相似形渐变 法，形体演变，分层解析、分层叠加，重点颜色强调，立体功能分区，利用三维模型分析体块，动态分析图，剖面分析，色块分区，关联耦合，对位关系，图底反转，对轴线扭转的表达，示意图 + 标题文字、示意图 + 提示文字，多种方案比较优劣，利用软件进行各类技术分析，位置索引,列坐标轴、图表分析。

1. 概念分析

设计者通过描述建筑的灵感来源来增加建筑设计方案的逻辑性、合理性（图3-54）。

2. 相似形渐变法

利用相邻图形之间的相似性，保持一个系列图形之间的连续性，各图形之间略有区别，大同小异。利用图形之间小的差别和变化表达设计推演进程，容易在设计者与读图者之间形成顺畅的信息传递（图 3-55、图 3-56）。

3. 形体演变

主要运用加法、减法、扭曲等手法来演绎建筑形体，让读图者可以了解体块生成、变化的全过程（图 3-57）。

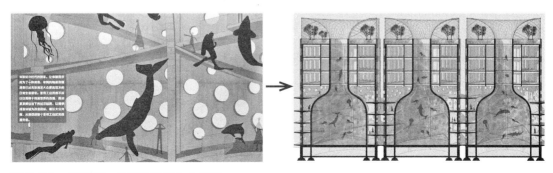

图 3-54　肖国艺　首钢改造概念分析图

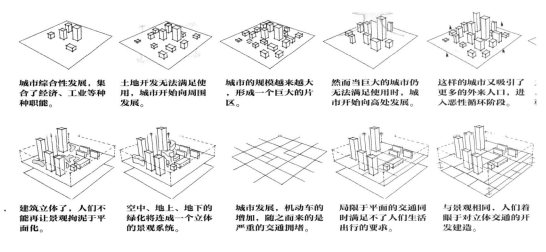

图 3-55　和莎、孙山等　城市设计方案推演图

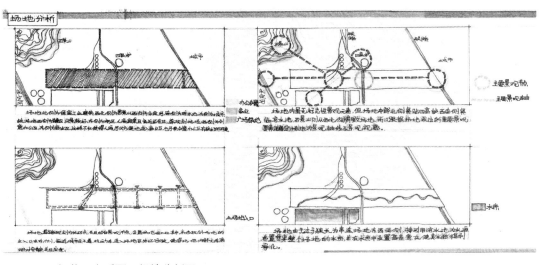

图 3-56　何苗，张昕雨　场地分析图

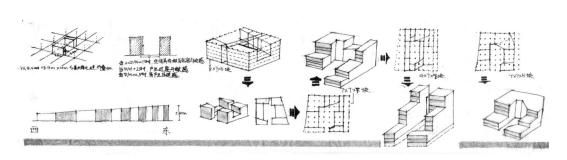

图 3-57　何苗，张昕雨　体块生成分析图

4.分层解析，分层叠加

采用三维立体图形方法，将建筑各层平面分解、拉开，或将同一层的按不同要素解释分别放在不同的层（图 3-58）。

5.重点颜色强调

在重点分析部分选用区别于其他部分的鲜明颜色，让读图者一目了然，能很快了解设计者想表达的中心思想（图 3-59、图 3-60）。

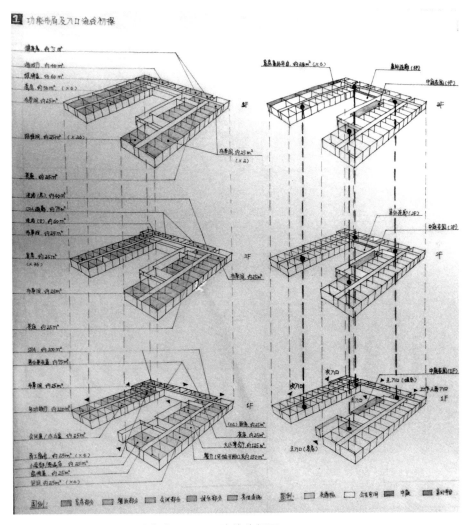

图 3-58　庞新楠　分层功能布局及入口流线分析图

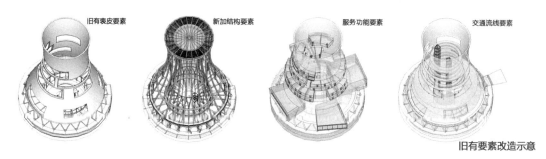

图 3-59　马尧　既有要素改造示意图

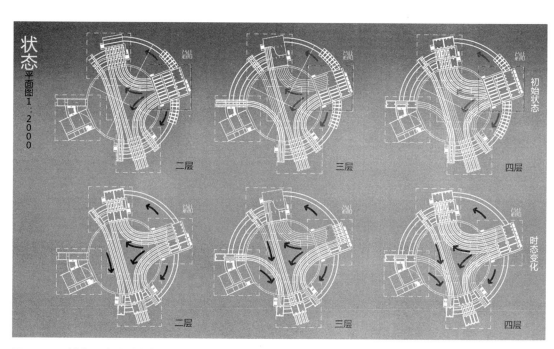

图 3-60　刘莹　建筑时态变化示意图

6. 立体功能分区

竖向的功能分区分析，说明各功能区之间的联系、交通与相对位置关系（图 3-61）。

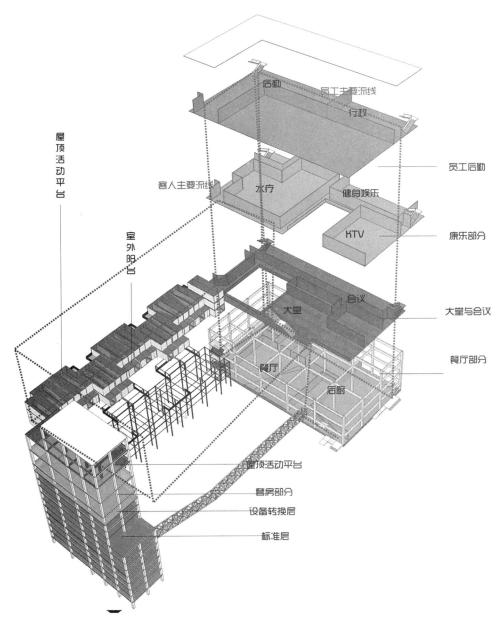

图 3-61 何苗 竖向分析图

7. 利用三维模型分析体块

不拘泥于二维的分析手法，更注重三维形体的设计与演绎，用电脑模型或实体模型推演展 示设计构成（图 3-62、图 3-63）。

8. 动态分析图

在静态图中利用动态箭头来表达动态趋势，形成有动态感的分析图，使分析过程更加生动 形象，其中箭头承担着重要功能。

其一，箭头具有使静态的画面产生动态感觉或形成动势的作用（图 3-64）。

其二，明确、清晰、直观的箭头指示标识能让读图者快速地找到设计者的分析顺序及其所指向的设计主题（图 3-65）。

■ 推敲模型

图 3-62　赵欣　模型推敲分析图

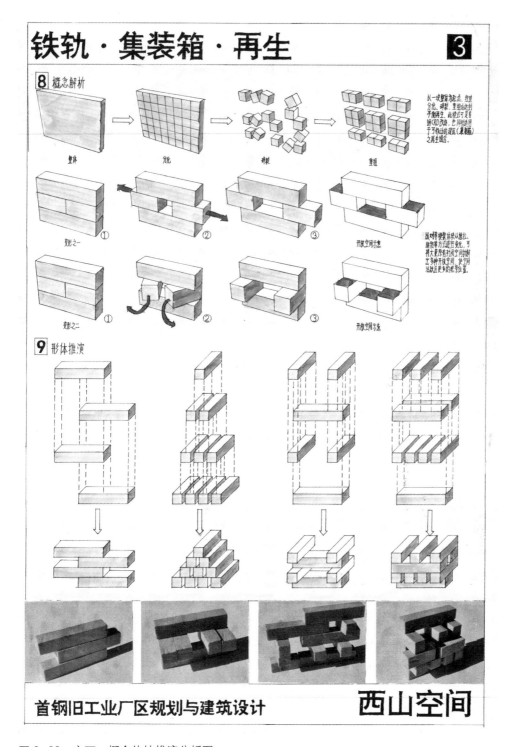

图 3-63　宁丁　概念体块推演分析图

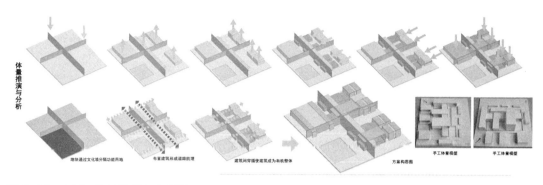

图 3-64　宁丁　体量推演与分析图

建筑方案形成

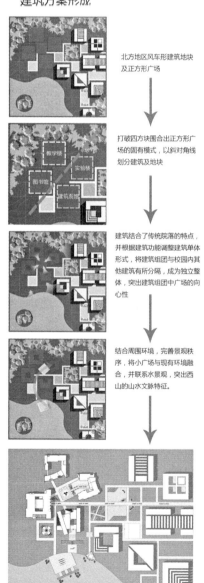

北方地区风车形建筑地块及正方形广场

打破四方块围合出正方形广场的固有模式，以斜对角线划分建筑及地块

建筑结合了传统院落的特点，并根据建筑功能调整建筑单体形式，将建筑组团与校园内其他建筑有所分隔，成为独立整体，突出建筑组团中广场的向心性

结合周围环境，完善景观秩序，将小广场与现有环境融合，并联系水景观，突出西山的山水文脉特征。

图 3-65　胡桐，王婧　建筑方案形成分析图

9. 剖面分析

剖面分析分为二维的剖面分析和三维的剖透视分析。剖面分析可以将整个设计的竖向功能形态用最清晰、直接的方法展现出来，真实还原建筑空间和内部结构（图 3-66、图 3-67）。

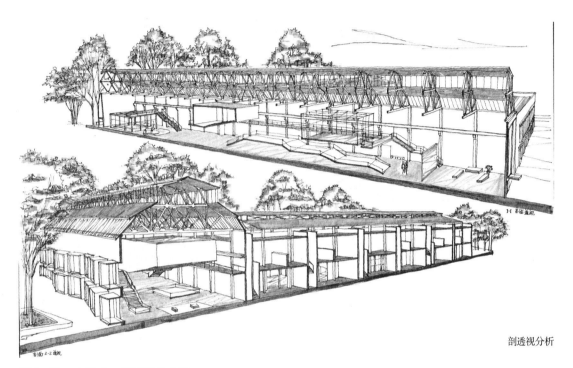

剖透视分析

图 3-66　李维杰　剖透视分析图

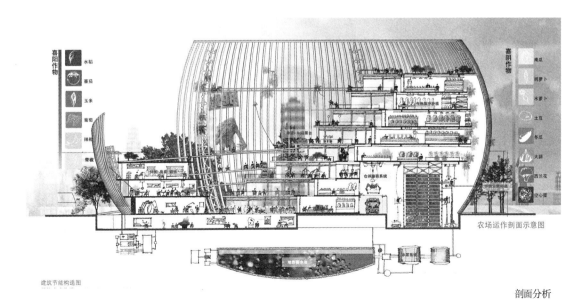

剖面分析

图 3-67　贾钰涵等　立体农场剖面分析图

10. 色块分区

用不同的颜色对不同功能进行分区，一种颜色代表一种功能。这种方法使图面的分区更加清晰（图 3-68、图 3-69）。

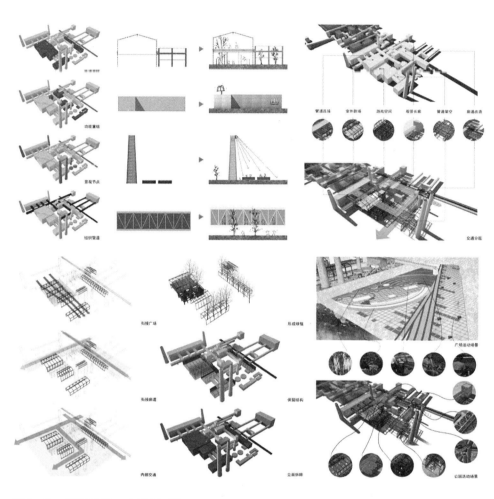

图 3-68 周雨晨等 功能分区图

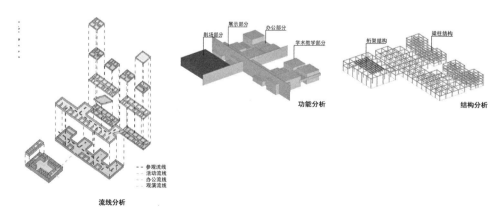

图 3-69 宁丁 流线分析图，功能分析图，结构分析图

11. 关联耦合

关联耦合，图形各部分要素之间存在强烈的关联性并且显而易见，像一张拉开的弓所形成的内部张力（详见第三章第 3.1.5 节）。

12. 对位关系

这是一种图形之间内在关联的表达方式，是一种对话关系。在同一张图中组织图形布局时，采用对位关系效果最为直观，如上下对位，左右对位（图 3-70）。

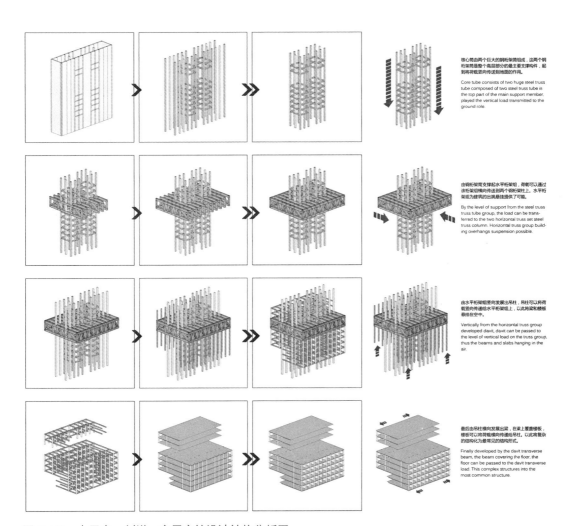

图 3-70　卜天舟、刘洋　高层宾馆设计结构分析图

13. 图底反转

图底关系理论研究的是作为建筑实体的图和作为开敞空间的底之间的相互关系，二者可以相互反转，不只是专注于建筑本身，还关注它所围合的空间与场所（图3-71）。

瑞蚨祥 REFOSIAN

 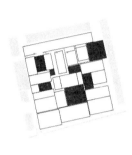 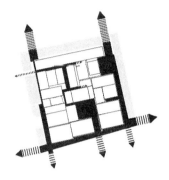

建筑形体　　　　　　院落空间　　　　　　径巷空间
the Shape of Buildings　the Courtyard Space　the Alley Space

山东宾馆和北洋大戏院 Shangdong Hotel & Grand Theater

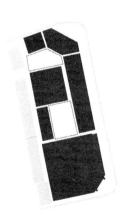 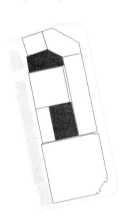 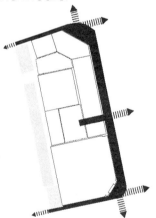

建筑形体　　　　　　院落空间　　　　　　径巷空间
the Shape of Buildings　the Courtyard Space　the Alley Space

图3-71　孙艺畅、李民等　各空间图底关系分析图

14.轴线扭转

轴线扭转是一种设计手法，是将两组有秩序的平面以非直角关系相互穿插在一起，生成有变化的平面形状以及丰富的空间形态。对这种设计手法的表达应强调两条主要的轴线的方向性（图 3-72）。

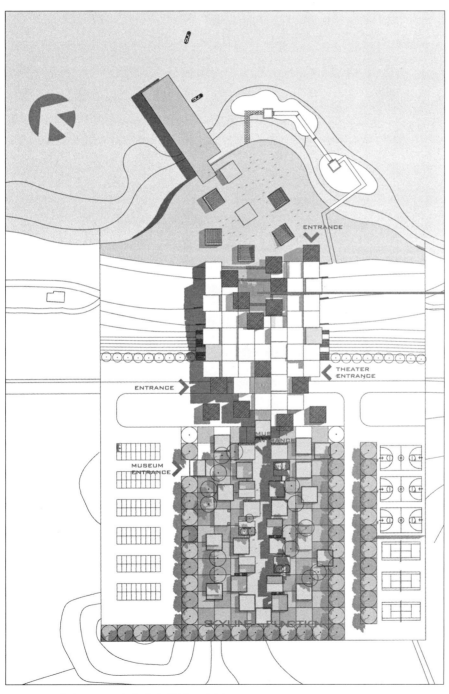

图 3-72　杨超　西山文化中心总平面分析图

15. 示意图 + 标题文字，示意图 + 提示文字

示意图的标题可以言简意赅地让读者在最短的时间里明白其含义。在示意图一旁匹配适当的标注文字是充分理解其含义不可或缺的因素；缺少必要的文字标注往往会造成认知障碍。示意图标题文字一般控制在 4 ~ 10 个字之间比较合适。

（1）文字量过大会使读者丧失看图的兴趣。

（2）文字量过小或没有文字难以直接传达出示意图的含义，会使读者看图时不知所云，增加图形的理解难度（图 3-73、图 3-74）。

（3）标题文字应该大一些，达到比较醒目的程度，以便让观图者方便地辨识和理解。

文字过多的图

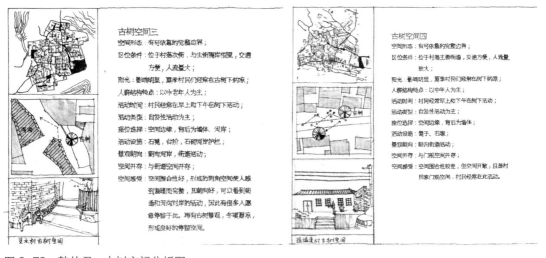

图 3-73　韩佳君　古树空间分析图

文字适宜的图

图 3-74　刘莹　区位分析图

16. 多种方案比较优劣

通过多方案综合比较分析得出最佳的建筑设计方案的方式可以充分证明最终方案的合理可靠性（图 3-75、图 3-76）。

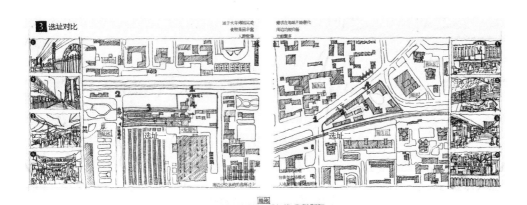

图 3-75　刘莹　选址对比分析图

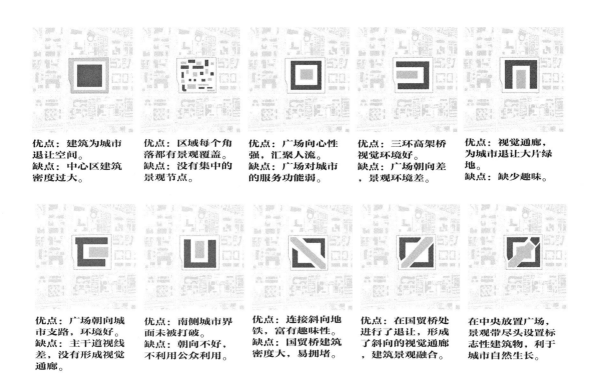

图 3-76　和莎、孙山等　城市设计景观构思分析图

17. 利用软件进行各类技术分析

在建筑技术分析阶段，可以利用各类技术分析软件进行技术分析，以优化建筑自身性能，如日照分析、视线分析、混响时间分析、受力分析及节能分析等（图 3-77、图 3-78）。

日照分析

夏至日正午12点

春分日正午12点

秋分日正午12点

冬至日正午12点

全年太阳辐射量

图 3-77　和莎、孙山等　城市设计　利用日照分析软件做的日照分析图

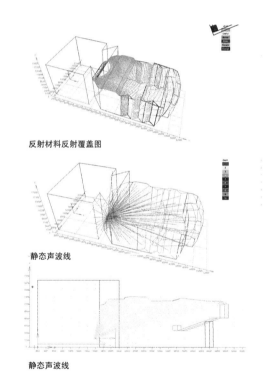

反射材料反射覆盖图

静态声波线

静态声波线

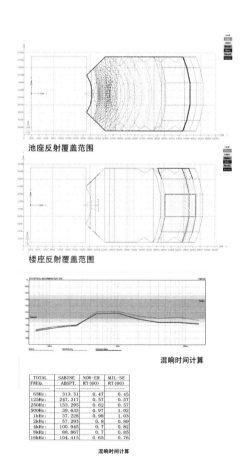

池座反射覆盖范围

楼座反射覆盖范围

混响时间计算

TOTAL FREQ.	SABINE ABSPT.	NOR-ER RT (60)	MIL-SE RT (60)
63Hz:	313.51	0.47	0.45
125Hz:	247.317	0.57	0.57
250Hz:	153.295	0.62	0.57
500Hz:	39.633	0.97	1.02
1kHz:	37.228	0.98	1.03
2kHz:	57.293	0.8	0.89
4kHz:	100.945	0.7	0.82
8kHz:	88.867	0.7	0.85
16kHz:	104.415	0.65	0.76

混响时间计算

图 3-78　和莎　剧场设计利用 ECOTECT 声学分析图

18. 位置索引

在大规模整体地块中选取其中一部分进行分析时，通过位置索引示意图标明所选部分的具体位置（图 3-79、图 3-80）。

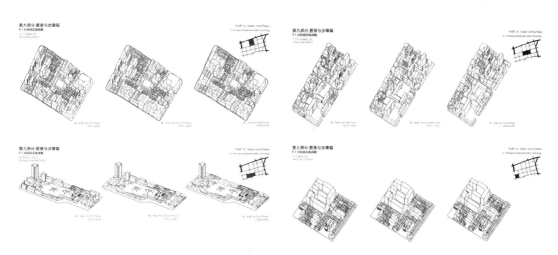

图 3-79　孙艺畅、李民等　北方四校联合设计几何构成分析图

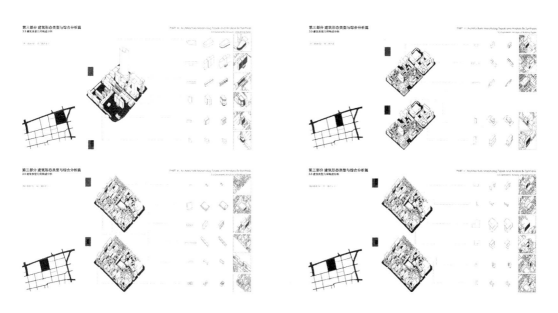

图 3-80　孙艺畅、李民等　北方四校联合设计几何构成分析图

19. 列坐标轴、图表进行分析

当对比数据相对较多、较复杂时，可以通过列坐标轴或图表等图形表达方式统计、分析信息，将抽象数据有形化，使读图者能最直观地接收信息，便于理解（图 3-81、图 3-82）。

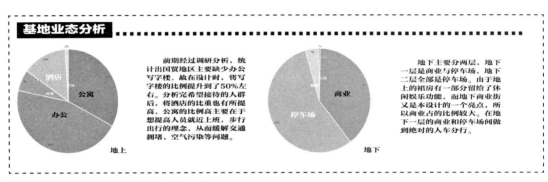

图 3-81　和莎、孙山等　城市设计业态数据分析图

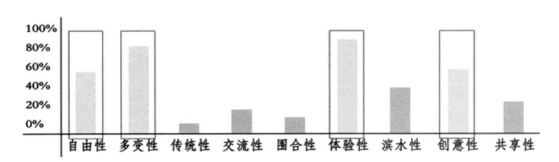

图 3-82　白旭　西山文化中心——需求调查分析图

3.3.2　按设计内容分类分析

按设计内容分类，分析方法有很多种，常用的方法有：文脉分析，设计意向图分析，城市环境与建筑单体的关系分析，交通系统分析，建筑空间与体量组合分析，建筑布局的多种可能性对比分析，功能关系气泡图，建筑立面形态（表皮）分析，建筑结构分析，细部节点分析，行动轨迹、人员散布分析，景观绿化分析，建筑节能技术分析。

1. 文脉分析

通过对基地所在城市或更大范围内的基地情况及其历史背景等相关信息的分析，使读图者清晰地了解该地区的文化渊源（图 3-83）。

2. 设计意向图分析

用现有的例子或公众熟知的了解的概念综合阐释设计者的理念，让读图者能快捷有效地进入情景，了解设计者的所想、所思、所做（图 3-84）。

3. 城市环境与建筑单体的关系分析

一方面，建筑单体设计应充分呼应周边城市环境，另一方面周边城市环境可以很好地衬托或制约单体。设计者通过图形来表达建筑单体与城市环境之间的关系，可以使读图者准确地了解其设计意图（图 3-85）。

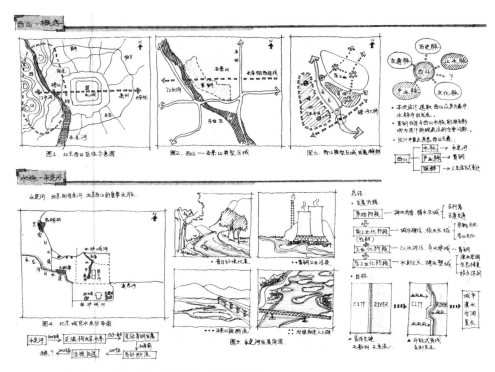

图 3-83　赵欣　永定河滨水广场设计文脉分析图

酒店需求:

图 3-84　张茜　酒店需求意向图

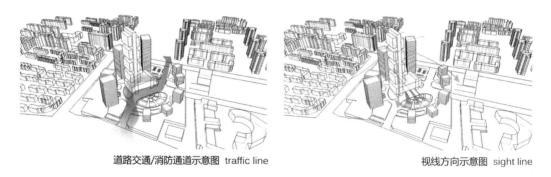

道路交通/消防通道示意图　traffic line　　　　　视线方向示意图　sight line

图 3-85　卜天舟、刘洋　高层宾馆设计交通分析图,视线方向分析图

4.交通系统分析

将不同的行动流线以箭头标出,可以清晰地表达区域内的交通状况。常用交通流线分析要素包括:①颜色区别;②粗细区别;③方向区别。用箭头的差异来分别表达各种交通的含义:①不同的颜色表示不同的流线——人行流线和车行流线;②不同的粗细度表示不同的交通流量;③不同的方向表示正反两个方向。三者不可或缺(图 3-86、图 3-87)。

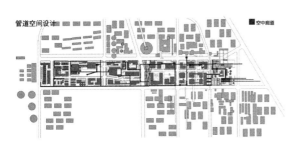

图 3-86 周雨晨等 交通流线分析图

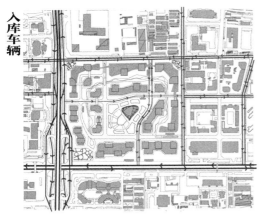
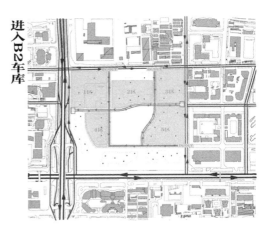

图 3-87 和莎、孙山等 城市设计交通流线图

5.建筑空间与体量组合分析

用三维体块和箭头表达不同空间的组合关系以及连接或交流方式，使读图者能准确地了解设计者对于空间的利用方法，清楚地表达出建筑特点（图3-88）。

6.建筑布局的多种可能性对比分析

建筑在同一基地的布局存在多种可能性，可罗列出建筑布局的各种可能性，逐一对比其优劣性，进而得出最优的建筑布局形式（图3-89）。

7.气泡图

通过简单的功能气泡图分析各个功能空间之间的关系，（图3-90）。

8.建筑立面形态（表皮）分析

对建筑的立面形态或有特殊含义的表皮结构进行分析，可以使读图者更好地理解建筑立面或表皮的深层含义，完善建筑的整体设计概念（图3-91）。

■ 建筑空间与体量分析图

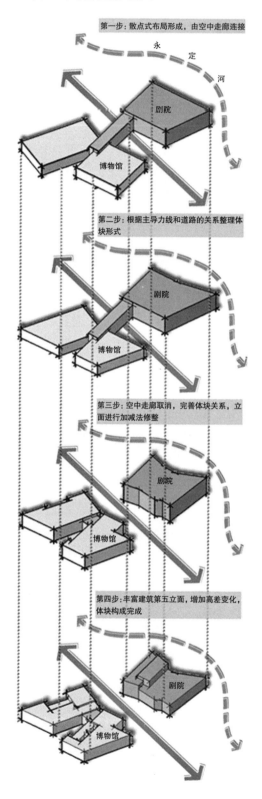

第一步：散点式布局形成，由空中走廊连接

第二步：根据主导力线和道路的关系整理体块形式

第三步：空中走廊取消，完善体块关系，立面进行加减法修整

第四步：丰富建筑第五立面，增加高差变化，体块构成完成

图3-88　赵欣　建筑体块空间分析图

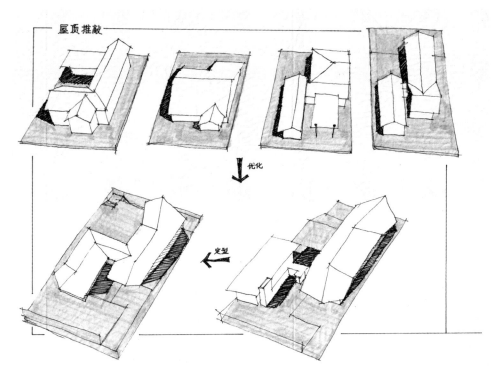

图 3-89　屋顶推敲建筑布局分析图

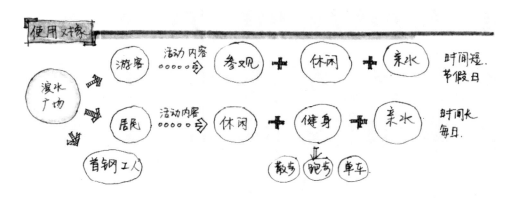

图 3-90　赵欣　永定河滨水广场使用对象功能气泡图

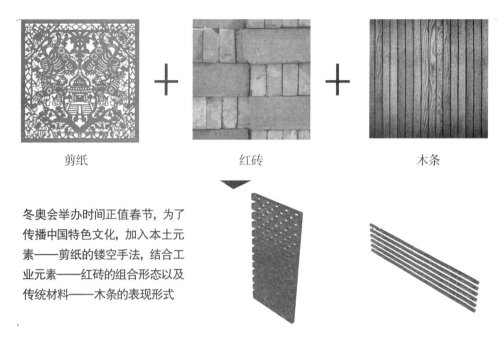

剪纸 　　　　　　 红砖 　　　　　　 木条

冬奥会举办时间正值春节，为了
传播中国特色文化，加入本土元
素——剪纸的镂空手法，结合工
业元素——红砖的组合形态以及
传统材料——木条的表现形式

图 3-91　何苗　建筑立面表皮分析图

9. 建筑结构分析

通过建筑结构分析，使建筑的结构形式以及内部力学关系清晰地呈现出来，加深读图者对建筑整体结构的理解（图 3-92）。

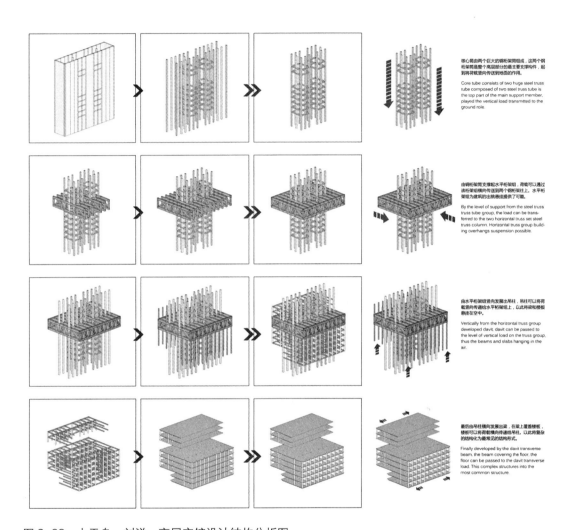

图 3-92　卜天舟，刘洋　高层宾馆设计结构分析图

西山空间与文化·设计专题教学实录

10. 细部节点分析

将建筑内部的个别节点放大，例如结构节点、空间交流节点、经过特殊处理的节点等，让读图者对建筑空间利用有更加细致的了解（图3-93）。

11. 行动轨迹、人员分布分析

将建筑内的人行轨迹记录下来，或将某一时段的人员分布情况用描点法记录下来，用图纸表达出来，可以使读图者清晰地了解到建筑中不同功能的使用的频繁程度，多出现在对建筑的使用情况分析中（图3-94）。

12. 景观绿化分析

景观、绿化的设计可以很好地衬托出建筑设计的环境质感，有助于营造出宜人的建筑环境。通过此项分析可以简洁明了地向读者展示设计者设计巧思的绿化、景观节点等（图3-95）。

13. 建筑节能技术分析

通过分析建筑所采用的节能技术，可以赋予建筑设计方案更多的亮点。

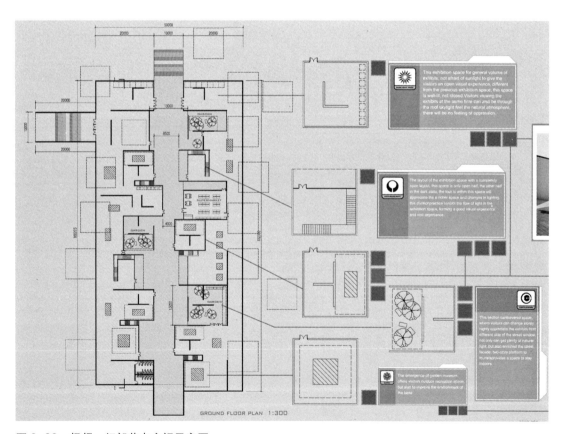

图3-93　杨超　细部节点空间示意图

不同性质人群分布

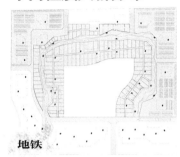
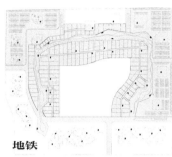
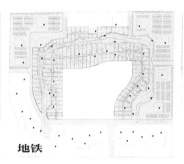

地铁

地铁

地铁

地铁人群——由于其不进入场地，这类人群主要集中于地铁口附近，对场地地下出入口有一定影响，但不会干扰场地内人群。

办公人群——主要集中于写字楼中，不会大量出现在地下空间。只有在上下班及吃饭时间，会出现在地铁口或地下商业餐饮部分。

商业人群——商业、购物人群沿地下商业街分布，贯穿整个地下商业空间，是使地下空间充满活力的主要组成部分。

不同时段人群分布

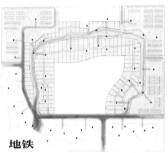

地铁

地铁

地铁

8:00AM——以早高峰上班人群为主，他们目标明确，讲究效率，多快速经过地铁口或快速通道进入办公区域。

12:00AM——大量办公人群涌入地下商业城进行午餐，几乎都集中于商业街两端的餐饮部分。

6:00PM——以办公人群晚高峰为主，以核心筒为起点，快速涌入地铁口，但因下班时间不固定，人群状态没有早高峰拥挤。

图 3-94　和莎、孙山等　城市设计行动轨迹示意图

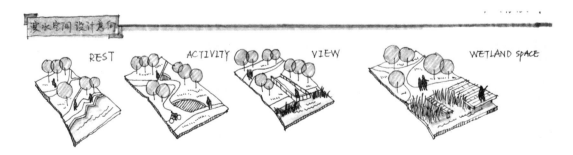

图 3-95　赵欣　景观绿化分析图

附录 1: 设计竞赛获奖作业

竞赛题目: 北京公共空间城市设计大赛 2018, 竞赛时间: 2018 年 9 ～ 11 月。

主办单位: 北京市规划和国土资源管理委员会, 北京市发展和改革委员会, 北京市城市管理委员会

作品 1 号, 作品名称: 日照清流。

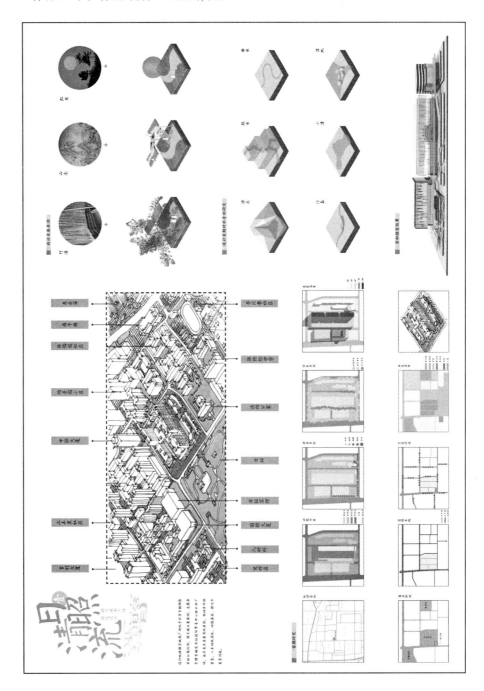

作品 1 号, 作品名称: 日照清流。获奖等级: 优秀奖, 设计人, 宋婉玥、郭启辰、陈军。辅导教师: 卜德清、王新征。设计地段: 北京市朝阳区雅宝城南广场设计。

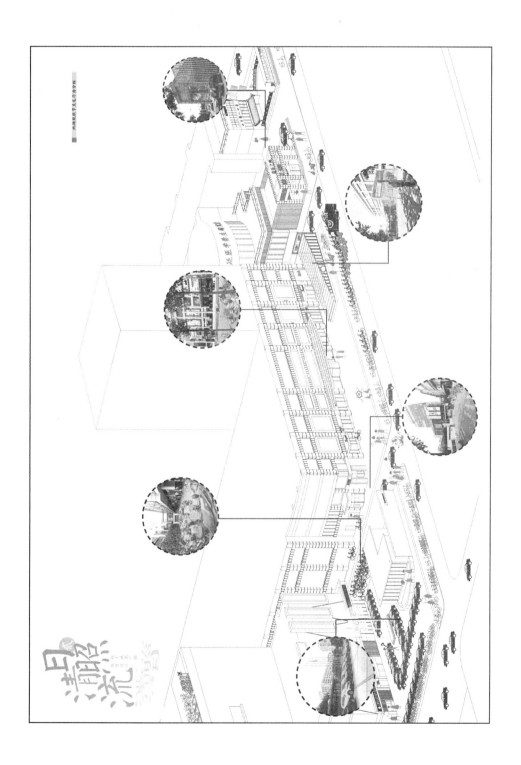

作品 1 号，作品名称：日照清流。

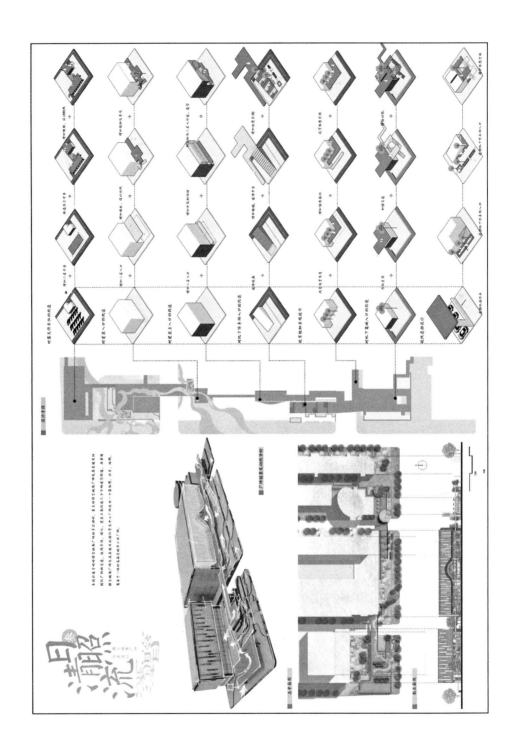

作品 1 号，作品名称：日照清流。

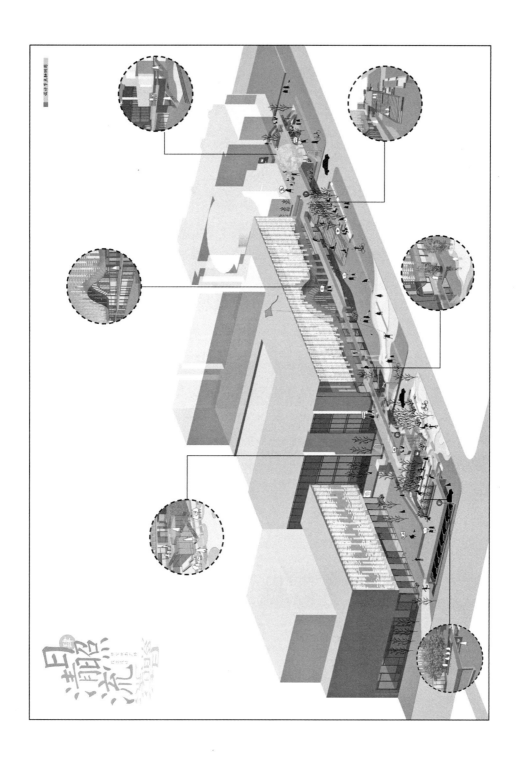

作品 1 号，作品名称：日照清流。

作品 1 号，作品名称：日照清流。

作品 2 号，作品名称：街尾巷戏——基于活动的可变公共空间设计。获奖等级：入围奖。设计人：姬晨晗、刘慧君、何旭、许睿。辅导教师：卜德清、王新征。设计地段：北京市东城区革新里街区微空间重塑设计。

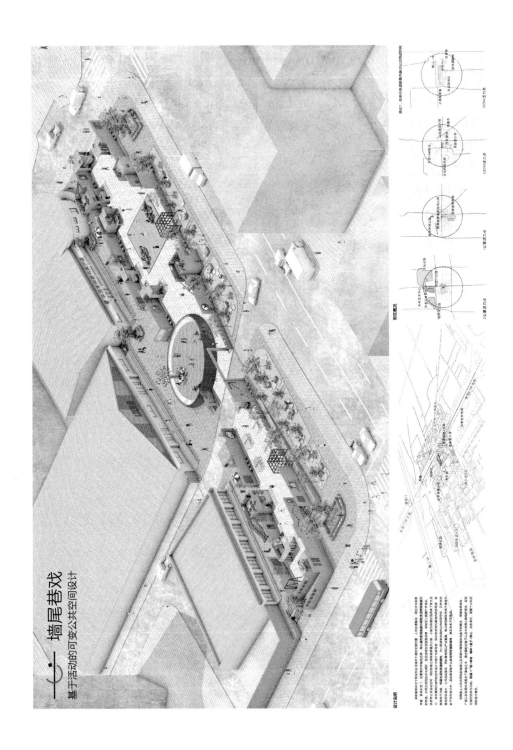

作品 2 号, 作品名称: 街尾巷戏——基于活动的可变公共空间设计。

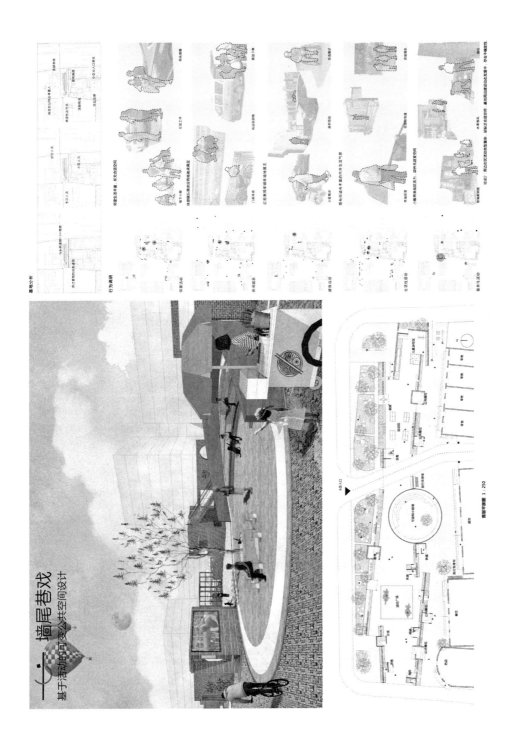

作品 2 号，作品名称：街尾巷戏——基于活动的可变公共空间设计。

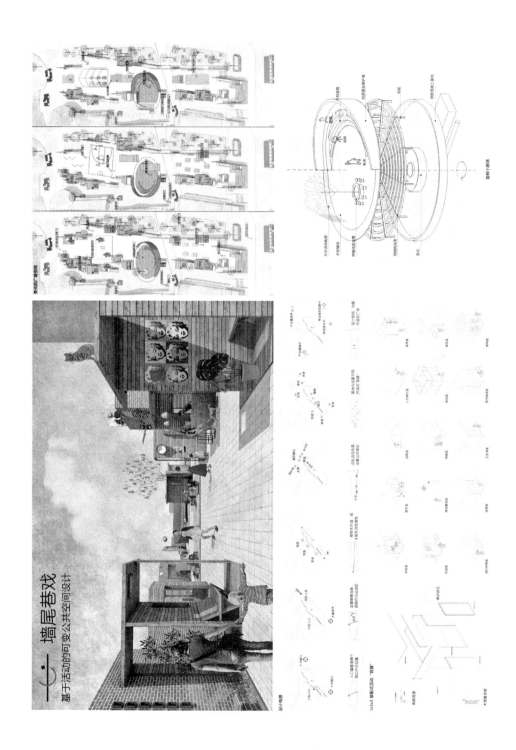

作品 2 号，作品名称: 街尾巷戏——基于活动的可变公共空间设计。

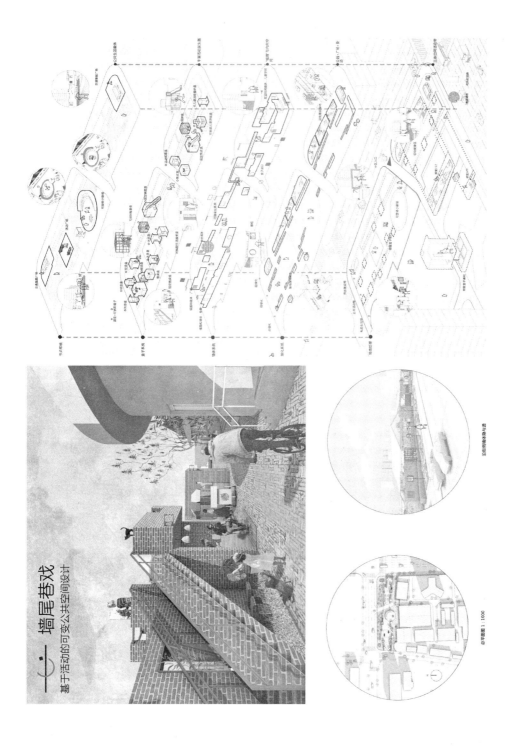

作品 3 号，作品名称：连接·聚集。获奖等级：入围奖。设计人：李明帅、高宇轩、孙瑞靖、李硕、连静茹。辅导教师：卜德清、张桂存。设计地段：北京市丰台区石榴庄地区绿地景观设计。

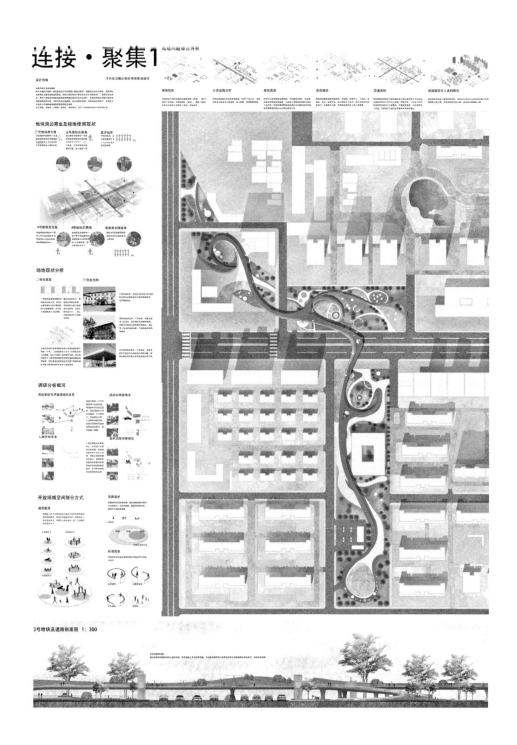

作品 3 号，作品名称：连接·聚集。

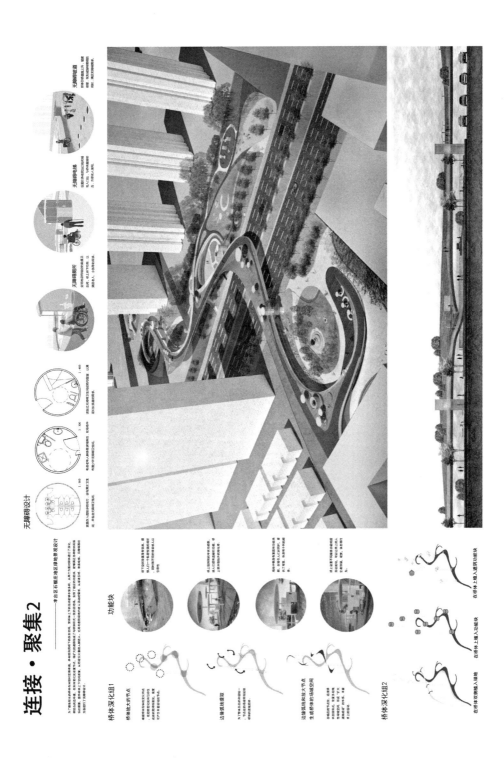

作品 3 号，作品名称：连接·聚集。

作品 3 号, 作品名称: 连接·聚集。

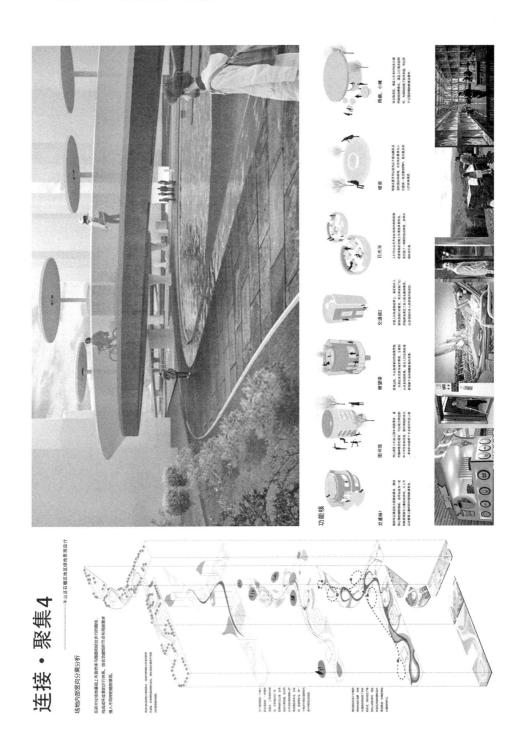

附录 2：教学大纲　设计专题研究

设计专题研究（1）Design Issues
教学大纲

一、课程性质

课程的授课对象是建筑学专业的硕士研究生。课程性质为专业必修课。研究生设计课是建立在本科设计课基础之上的。本科阶段设计课是初级阶段，其学习目标是要学会"怎样做"设计，研究生阶段设计课是高级阶段，其学习目标是学会怎样做"研究型"设计。本课程为研究生建筑设计课程的前半部分，以"西山空间"为主题。

二、课程教学目的

教学目的是建筑设计创造性思维能力和设计技能的提高。研究生所做的设计不是一般性地满足环境、功能及造型美观的要求，而是要求方案立意更有思想性，或具有更高的专业研究水准、更高的技术水平。教学目的是学习和掌握研究型设计的工作方法和思维方式，重点培养学生挖掘设计主题和意义的能力。

三、教学基本要求

通过收集基础资料、现场踏勘、对现状问题进行全面深入研究，学习掌握敏锐地发现问题、抓住问题，并清晰地梳理出其结构脉络，从中挖掘出有意义的概念作为设计主题。用特定领域的专业知识去研究问题，用特定专业思维方式去寻求解决之道。在设计过程中打开思路，尝试将不同的知识领域的学科进行交叉去解决问题，通过训练提高手绘、模型深化和表达设计的能力。

设计专题研究 1 和设计专题研究 2 是不可割裂的一个整体的两部分，二者之间有一定相同之处并且有递进关系。本课程为设计专题研究的第一部分，重点强调挖掘主题意义和主题的寻找过程。表达方式为：钢笔、马克笔手绘，模型。

四、本课程与其他课程的联系与分工

前修课程：本科阶段建筑设计相关课程

后续课程：建筑设计专题研究（2）

五、本课程课外练习的要求

课内外学时比：1：1

课外作业：根据课堂评图意见调整、深化设计，绘制图纸

六、本课程的教学方法及使用现代化教学手段方面的要求

课堂辅导、电子幻灯片、多媒体影音设备、计算机

七、本课程成绩的考查方法及评定标准

课程最终成绩评定采取过程评定—环节评分方法，即作业设计过程中对每一个环节的成果分别给出阶段成绩，具体评图时间详见教学日历。

附录3：西山空间设计指导书

设计题目　西山空间

教学目标：培养学生在建筑设计中发现问题、分析问题并解决问题的能力。

一、课程要求

（1）引导学生思考文化与文明、地域与地理、空间与形体等层面的设计要素，抓住"西山空间"的核心本质，独立完成发现设计问题、解析设计目标、推导设计方案、解决设计问题的全过程。

（2）在上述思考的基础上，明确设计定位，选取设计地段，拟定设计任务书。要求以叙事的方法、手绘分析图的方式对所选地段、所确定的设计目标、所拟定的设计主题加以解读。

（3）正确认识城市设计与城市规划、建筑设计的关系，树立全面、整体的"建筑设计观"。

（4）在建筑设计中掌握发现意义、建立设计概念、找到解决问题的途径的内容、方法与工作程序，以建筑设计的基本理论为基础，学习运用多种设计要素进行相应的设计。

二、课程内容

（1）调研与研究：明确设计定位，选取设计地段，拟定设计任务书。

（2）完成设计：完成深入的建筑设计和环境设计，全部图纸要求手绘。

1.课程工作内容

通过实地调查石景山区的城市和社区，领悟西山空间的地域精神与特征。

2.内容的调查与研究

研究生宜从以下三个方面进行思考和展开工作：

（1）实地调查与地域特征之间的关联。

（2）建筑与场所的关联性。

（3）建筑的建筑性研究与设计。

调研包括实地调研和案例调研两部分：

实地调研：完成一手资料的收集、整理和分析。

案例调研：选择若干相关案例进行分析总结。

以前期确定的视角或方向为出发点，开展调研：

初步调研：确定设计地段和核心问题。

深入调研：数据收集和整理，分析归纳。

调研和设计相辅相成：通过调研总结的问题，获得设计方向或策略。

建筑类型要求：

在调查的基础上，在石景山区范围内自己选址，设计一个 500 ~ 1000m²，具有一定功能的建筑，可以是餐厅、酒吧等。

三、教学进度与教学环节

注：本日历送交有关学院、学科组、导师、教师本人各保存一份。

周次 日 / 月	讲 课			习题课、实验课、讨论课、上机、测验	
	教学大纲分章和题目名称	学时		内容	学时
第 1 周 15/9	开题讲座布置任务书： 西山空间设计	4		研究生设计课的要点 从具象到抽象的过程	4
第 2 周 22/9	讲评：设计概念的汇报 第一阶段工作成果的提交 从上到下 一草方案设计	4		成果要求：1 一张 A1 的正式手绘图 2 构思依据 3 构思形成的过程 5 自编任务书，评定成绩① 1 明确功能体块，2 空间模式，3 环境规划	4
第 3 周 29/9	讲评：一草设计提交汇报工作模型， 二草方案设计	4		成果要求：1 空间概念研究模型 2 环境规划设计 3 功能空间设计 4 一张 A1 的手绘图评定成绩②	4
第 4 周 1/10—6/10	将本课题设计推向深入表达	4		1 空间推敲 2 技术深度研究 3 关键环节细部设计	4
第 5 周 13/10	大模型设计与制作	4		大模型制作 评定成绩③方案的手工模型要求表达设计概念	4
第 6 周 20/10	讲评：快题设计 / 二草设计模型汇报	4		1 关键技术节点设计，平立剖 2 空间结构模型， 3. 大模型制作 评定成绩④	4
第 7 周 27/10	综合讲评，沙龙公开教学，图纸模型成果汇报展评，邀请学院教授参与大评图	0		最终成果要求：A1 手绘图 4-6 张 手工大模型 汇报 PPT 评定成绩⑤	0
第 8 周 3/11		0			0

四、图纸要求

所有过程图均成为成果图，手绘 A1 图幅。每次上课上交 1 ~ 2 张成果图。

一套图为 6 ~ 8 张清晰地表达从分析到成果之设计构思过程。

全套图纸中，应至少包括以下内容：概念分析、提出问题的分析、设计构思的分析、地段图、总平面图、建筑平立剖面、体块分析或效果图、必要的分析与文字。

五、成绩评定

每张过程图纸的成绩均计入总成绩中，最后成绩按照每次成绩的加权平均进行核算。最后成套图纸进行展评，集体评图打分也计入总成绩。

参考文献

[1] 张永和，张路峰.向工业建筑学习 [J].世界建筑，2000（07）.

[2] 贾东，中西建筑十五讲 [M].北京：中国建筑工业出版社，2013.

[3] 罗伯特·文丘里.像拉斯韦加斯学习 [M].北京：中国水利水电出版社，2006.

[4] 肯尼斯·弗兰姆普敦.建构文化研究：论 19 世纪和 20 世纪建筑中的建造诗学 [M].三联书店，2004.

[5] 柯林·罗，罗伯特·斯拉茨基.透明性 [M].北京：中国建筑工业出版社，2008.

[6] 罗伯特·文丘里.建筑的复杂性与矛盾性 [M].周卜颐译.北京：中国建筑工业出版社，1991.

[7] 亚历山大·楚尼斯.批判性地区主义：全球化世界中的建筑及其特性 [M].王丙辰 译.北京：中国建筑工业出版社，2007.

[8] 诺伯格·舒尔茨.存在·空间·建筑 [M].尹培桐译.北京：中国建筑工业出版社，1990.

[9] 伊恩·伦诺克斯·麦克哈格.设计结合自然 [M].芮经纬译.天津：天津大学出版社，2008.

[10] 克里斯·亚伯.建筑与个性——对文化和技术变化的回应 [M].张磊等译.北京：中国建筑工业出版社，2003.

[11] 扬·盖尔.交往与空间 [M].何人可译.北京：中国建筑工业出版社，2002.

[12] 建筑杂志：EL Croquis、A+U、建筑细部、时代建筑、建筑师.